Handbuch für Maler und Lackierer
Abrechnung und Aufmaß

Eberhard Schilling

Handbuch für Maler und Lackierer

Abrechnung und Aufmaß

Aktualisierte Neuausgabe 2024

Deutsche Verlags-Anstalt

Eberhard Schilling studierte Betriebswirtschaftslehre und unterrichtete an der Schule für Farbe und Gestaltung in Stuttgart, außerdem ist er als Fachautor tätig. Das Buch entstand in Zusammenarbeit mit Martin Wies, Maler- und Lackierermeister sowie Sachverständiger bei der Handwerkskammer Ulm.

Alle Vorlagen stammen vom Autor selbst oder wurden von Prof. Dipl.-Ing. Architekt Klaus Friesch, Hochschule Esslingen, gezeichnet.

Die in diesem Buch verwendeten Personenbezeichnungen beziehen sich immer zugleich auf weibliche, männliche und diverse Personen. Zugunsten einer besseren Lesbarkeit wird auf gegenderte Bezeichnungen und Doppelnennungen verzichtet.

2. Auflage 2025

in der Penguin Random House Verlagsgruppe GmbH,
Neumarkter Straße 28
81673 München
produktsicherheit@penguinrandomhouse.de
(Vorstehende Angaben sind zugleich Pflichtinformationen nach GPSR)

Satz, Lithografie und Umbruch: Boer Verlagsservice / ew print & media service GmbH
Umschlaggestaltung: Monika Pitterle, DVA/Büro Klaus Meyer, München
Druck und Bindung: Pustet, Regensburg

Penguin Random House Verlagsgruppe FSC® N001967

Printed in Germany

ISBN 978-3-421-04135-7

www.penguin.de

Inhalt

Vorwort

Mit dem VOB-Ergänzungsband 2023 zur VOB 2019 wurden zahlreiche ATVs fachtechnisch überarbeitet. Betroffen sind im vorliegenden Buch die ATV DIN 18340 „Trockenbauarbeiten", die ATV DIN 18349 „Betonerhaltungsarbeiten", die ATV DIN 18364 „Korrosionsschutzarbeiten" und die ATV DIN 18451 „Gerüstarbeiten". Weitreichende Änderungen der Abrechnungsvorschriften wurden in der ATV DIN 18349 und in der ATV DIN 18451 vorgenommen.

Die ATV DIN 18349 differenziert im Abschnitt 0.5 noch stärker zwischen einzelnen Leistungen als bisher und bei bestimmten Fehlstellen kommt nun die mittlere Bearbeitungstiefe zur Anwendung und nicht mehr einheitlich die größte.

In der ATV DIN 18451 wurde die Abrechnung der Gerüstlänge vereinheitlicht. Es sind nun für alle Gerüstarten die Maße der Außenseiten der Gerüstkonstruktion zugrunde zu legen. Eine Unterscheidung in Arbeits- und Schutzgerüste hinsichtlich der Abrechnungslänge ist damit entfallen. Standgerüste mit längenorientierten Gerüstlagen heißen nun Fassadengerüste.

Neben den Abschnitten 0.5 „Abrechnungseinheiten" und 5 „Abrechnung" wurden in den fachtechnisch überarbeiteten ATVs auch die Nebenleistungen und Besonderen Leistungen im Abschnitt 4 aktualisiert und um einige Sachverhalte ergänzt. Dies kann im Einzelfall auch Auswirkungen auf den abzurechnenden Leistungsumfang haben.

Für Maler und Stuckateure, sowie für Architekten und Bauleiter ist das aktualisierte Werk ein unentbehrliches Hilfsmittel für die praxisgerechte Abrechnung. Aufgrund der zahlreichen Beispiele und Übungen eignet sich dieses Buch außerdem für Meisterschüler und Studierende.

Stuttgart, im März 2024

Vorwort zur Ausgabe von 2017

Nachdem bereits für den VOB-Ergänzungsband 2015 zahlreiche ATVs fachtechnisch überarbeitet wurden, liegen mit der VOB 2016 nun alle Allgemeinen Technischen Vertragsbedingungen in aktueller Fassung vor. Auch die ATV DIN 18363 »Maler- und Lackierarbeiten – Beschichtungen« und die ATV DIN 18366 »Tapezierarbeiten« wurden komplett überarbeitet. Weil nicht nur die Abrechnungsvorschriften der neuen Gliederung in die Abschnitte 5.1 »Allgemeines«, 5.2 »Ermittlung der Maße/Mengen«, 5.3 »Übermessungsregeln« und 5.4 »Einzelregelungen« angepasst, sondern auch substanziell geändert wurden, war eine Neuausgabe dieses Buches erforderlich. Neben der Neustrukturierung der Übermessungsregeln mit einigen inhaltlichen Änderungen ist für die Abrechnung vor allem die Neufassung der Maßermittlung relevant.

Die VOB 2016 nimmt die bis zur VOB 2006 gültige Fassung der Leistungsermittlung wieder auf. Damit ist für Innenarbeiten das **Rohbaumaß** maßgebend, und nur dort, wo die Rohbaumaße nicht ermittelt werden können, soll das Fertigmaß gelten. In Zweifelsfällen empfiehlt es sich, im Bauvertrag klar festzulegen, welche Maße nun gelten sollen.
Neben den Abrechnungsregeln im Abschnitt 5 wurden auch die Nebenleistungen und Besonderen Leistungen im Abschnitt 4 aktualisiert und um einige Sachverhalte ergänzt. Dies kann im Einzelfall auch Auswirkungen auf den abzurechnenden Leistungsumfang haben.

Stuttgart, im Januar 2017

GRUNDLAGEN

A. Die Vergabe- und Vertragsordnung für Bauleistungen (VOB)

1. Vorbemerkungen zum Werkvertrag

Wird zwischen einem Bauherrn (Auftraggeber) und einem Bauunternehmer (Auftragnehmer) ein Bauvertrag abgeschlossen, handelt es sich immer um einen sogenannten Werkvertrag. Nach § 631 ff. des Bürgerlichen Gesetzbuches (BGB) hat der Auftragnehmer das versprochene Werk frei von Sach- und Rechtsmängeln herzustellen und der Auftraggeber die vereinbarte Vergütung zu entrichten.

Nun hat sich schon zu Beginn des letzten Jahrhunderts gezeigt, dass die Regelungen des BGB den Bedürfnissen im Baubereich nicht immer gerecht werden. Bei der Suche nach Vertragsformen, die den Verhältnissen am Bau entsprechen, wurde zwischen 1921 und 1926 die erste Vergabe- und Vertragsordnung für Bauleistungen (früher Verdingungsordnung für Bauleistungen) erarbeitet und am 6. Mai 1926 veröffentlicht. Die VOB hat jedoch *keine Gesetzeskraft*, sondern muss stets ausdrücklich vereinbart werden.

2. Inhalt der VOB

VOB Teil A (DIN 1960):
»Allgemeine Bestimmungen für die Vergabe von Bauleistungen«
VOB/A regelt das gesamte Verfahren *bis zum Abschluss* eines Bauvertrages und wendet sich insbesondere an öffentliche Auftraggeber.
VOB/A wird grundsätzlich kein Vertragsbestandteil, ist aber für öffentliche Auftraggeber verbindlich.

VOB Teil B (DIN 1961):
»Allgemeine Vertragsbedingungen für die Ausführung von Bauleistungen«
VOB/B regelt die rechtlichen Beziehungen der Vertragspartner nach Abschluss eines Bauvertrages bis zur Erfüllung aller Vertragspflichten.
VOB/B wird Bestandteil des Werkvertrages, wenn die VOB vereinbart wurde.

VOB Teil C (DIN 18299 – DIN 18459):
»Allgemeine Technische Vertragsbedingungen für Bauleistungen (ATV)«
Beispiele:
DIN 18299 (Allgemeine Regelungen für Bauarbeiten jeder Art)
DIN 18345 (Wärmedämm-Verbundsysteme)

DIN 18363 (Maler- und Lackierarbeiten – Beschichtungen)
DIN 18366 (Tapezierarbeiten)

VOB/C enthält u. a. die für die Abrechnung von Leistungen wichtigen Abschnitte 0.5 und 5 (Abrechnungseinheiten und Abrechnungsvorschriften).

Neben der VOB/B gelten auch die DIN-Vorschriften der VOB/C als Allgemeine Geschäftsbedingungen (AGB) mit der Folge, dass der Auftraggeber von ihrem Inhalt in zumutbarer Weise Kenntnis nehmen können muss. Wer bei Verträgen mit Verbrauchern (privaten Auftraggebern) und bauunkundigen gewerblichen Auftraggebern sichergehen will, dass die kompletten Abrechnungsregeln der betroffenen ATV einbezogen werden, sollte diese stets gesondert vereinbaren und die Texte der jeweiligen Abschnitte 5 nachweislich aushändigen. Wer die AGBs des Bundesverbandes Farbe Gestaltung Bautenschutz für BGB-Verträge bei Privatkunden als Grundlage nimmt, hat schon einige wichtige Abrechnungsregeln vertraglich festgelegt, u. a. dass alle nicht behandelten Teilflächen (Aussparungen) bis 2,5 m^2 übermessen werden. Die »2,5 m^2-Übermessungsregel« (und weitere Regeln) lassen sich natürlich auch einzelvertraglich vereinbaren, indem sie bereits im Angebot gut lesbar aufgeführt sind und Teil des Auftrages werden. Ein Hinweis mit konkreten Beispielen für die vereinbarten Abrechnungsvorschriften vermeidet spätere Diskussionen.

3. Nebenleistungen und Besondere Leistungen (DIN 18299)

Die *ATV DIN 18299* fasst diejenigen Regelungen zusammen, die einheitlich für alle Gewerke gelten. Die DIN 18299 wird – wie die anderen ATVs DIN 18300 ff. – Bestandteil des Bauvertrages, wenn die VOB vereinbart wird. Soweit die ATV 18300 ff. abweichende Regelungen enthalten, gehen diese der ATV DIN 18299 vor.
Die DIN 18299 definiert die Begriffe Nebenleistungen und Besondere Leistungen und ordnet ihnen konkrete Sachverhalte zu.

Nebenleistungen sind Leistungen, die auch ohne Erwähnung im Vertrag zur vertraglichen Leistung gehören. Eine besondere Vergütung für diese Leistungen wird in der Regel nicht gewährt; sie sind deshalb im Einheitspreis mit einzukalkulieren. Dazu zählt z. B. das Entsorgen von Abfall aus dem Bereich des Auftraggebers bis zu einem Kubikmeter, soweit der Abfall nicht schadstoffbelastet ist. Unter Abfall im Sinne dieser Vorschrift ist insbesondere an unbelasteten Bauschutt zu denken, der sich durch Stemmen von Schlitzen, Entfernen von Anstrichen und Tapeten, Wandbespannungen, Belägen und dergleichen ergibt.

Die DIN 18299 schreibt allerdings die Erwähnung von Nebenleistungen in der Leistungsbeschreibung vor, wenn ihre Kosten von *erheblicher* Bedeutung für die Preisbildung sind (Abschnitt 0.4.1). In diesen Fällen sind besondere Positionen im Leistungsverzeichnis vorzusehen. Zu denken ist dabei insbesondere an das Einrichten und Räumen der Baustelle und an besondere Anforderungen an Zufahrten, Lager- und Stellflächen.
In den ATVs DIN 18340, DIN 18345, DIN 18349, DIN 18350, DIN 18363, DIN 18364 und DIN 18366 zählt zu den Nebenleistungen auch der Auf-, Um- und Abbau sowie das Vorhalten von Gerüsten für eigene Leistungen, sofern die zu bearbeitende bzw. zu bekleidende Fläche *nicht höher als 3,50 m über der Standfläche* des Gerüstes liegt.

Besondere Leistungen sind Leistungen, die nicht Nebenleistungen sind und nur dann zur vertraglichen Leistung gehören, wenn sie in der Leistungsbeschreibung besonders erwähnt sind. Zu den Besonderen Leistungen gehört z. B. das Entsorgen von Sonderabfall aus dem Bereich des Auftraggebers (DIN 18299 Abschnitt 4.2.12), das Entfernen alter Beschichtungen und Bekleidungen sowie das Entfernen und Wiederanbringen von mehr als fünf Abdeckungen für Schalter und Dosen *je Raum* (DIN 18363 Abschnitte 4.2.12 und 4.2.30).
Erweisen sich im Vertrag nicht vorgesehene Besondere Leistungen nachträglich als erforderlich, so sind sie zusätzliche Leistungen nach § 1 Abs. 4 VOB/B und müssen gemäß § 2 Abs. 6 VOB/B vor Ausführungsbeginn vereinbart werden.

4. Vertragsarten im Überblick

Das Werkvertragsrecht kennt verschiedene Vertragsarten. Folgende Übersicht stellt die Vertragsarten nach § 4 VOB/A schematisch dar:

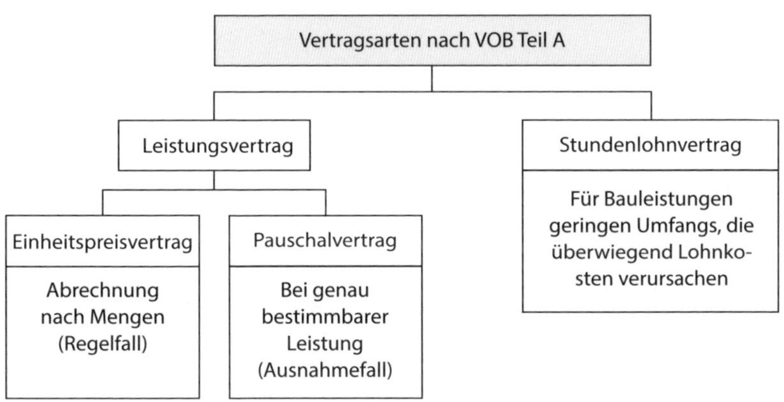

B. Grundsätzliches zur Abrechnung nach VOB

1. Prüfbarkeit von Abrechnungen

Die Abrechnung nach bestimmten Regeln ist aus Gründen der Prüfbarkeit von Massenberechnungen unumgänglich. Nach § 14 VOB/B hat der Auftragnehmer seine Leistung *prüfbar* abzurechnen. »Er hat die Rechnungen übersichtlich aufzustellen und dabei die Reihenfolge der Posten einzuhalten und die in den Vertragsbestandteilen enthaltenen Bezeichnungen zu verwenden.« Die zum Nachweis von Art und Umfang der Leistung erforderlichen Mengenberechnungen sind der Rechnung beizulegen. Im Maler- und Lackiererhandwerk bestehen diese Mengenberechnungen in der Regel in einem Aufmaß, bei dessen Erstellung die Vorschriften der jeweiligen ATV einzuhalten sind, sofern diese vereinbart wurden.

Gemeinsames Aufmessen mit dem Auftraggeber bzw. einem bevollmächtigten Architekten erspart in der Praxis oft längere Nachprüfungen. Dies ist sogar notwendig, wenn Leistungen bei Weiterführung der Arbeiten später nur noch schwer oder überhaupt nicht mehr festgestellt werden können (§ 14 Abs. 2 VOB/B). Erscheint der Auftraggeber oder dessen Bevollmächtigter trotz rechtzeitiger Mitteilung nicht zum gemeinsamen Termin, kann der Auftragnehmer das Aufmaß auch alleine aufstellen. Die Beweispflicht für die Unrichtigkeit des Aufmaßes liegt nun beim Auftraggeber.
Wird vom Auftragnehmer keine prüfbare Rechnung vorgelegt, kann der Auftraggeber nach Ablauf einer angemessenen Frist diese selbst *auf Kosten des Auftragnehmers* aufstellen (§ 14 Abs. 4 VOB/B).

2. Leistungsermittlung

a) Abrechnungsvorschriften der DIN 18299

Gemäß DIN 18299 Abschnitt 5 ist die Leistung aus *Zeichnungen* oder *Modellen* zu ermitteln, soweit die ausgeführte Leistung diesen Zeichnungen bzw. Modellen entspricht. Sind solche Zeichnungen oder Modelle nicht vorhanden, ist die Leistung *aufzumessen*. Bei Neu- und Umbauten liegen in der Regel immer Zeichnungen (Baupläne) vor, sodass nach diesen zu messen ist. Meist ist dort für die zuverlässige Angebotskalkulation eine Massenermittlung oder Massenprüfung schon vor Baubeginn erforderlich.

b) Abrechnungseinheiten

Die Abschnitte 0.5 der Technischen Vertragsbedingungen geben jeweils Hinweise auf die üblichen und zweckmäßigen Abrechnungseinheiten für die einzelnen Objekte. Die DIN 18363 sieht beispielsweise die Abrechnung nach Flächenmaß, nach Längenmaß, nach Anzahl und nach Raummaß (l) vor. Die Hinweise im Abschnitt 0.5 werden zwar nicht Vertragsbestandteil, sollten aber beachtet werden, um eine zuverlässige Preiskalkulation zu ermöglichen. Insbesondere dort, wo das Leistungsverzeichnis nicht eindeutig ist, kann sich für den Auftragnehmer ein zusätzlicher Vergütungsanspruch ergeben. Entsprechend den dargestellten Vertragsarten sind jedoch auch Abrechnungen nach Pauschalsumme oder nach Stundenlohn möglich.

c) Leistungsermittlung

Die einzelnen DIN-Normen der VOB/C enthalten die jeweiligen Abrechnungsvorschriften im Abschnitt 5. Es handelt sich in der Regel um Vereinfachungen und Einzelregelungen für spezielle Sachverhalte. Einige ATVs unterscheiden zwischen der Abrechnung nach Rohbaumaßen und der nach Fertigmaßen. Dies gilt auch für die DIN 18363 bzw. die DIN 18366. Nach Abschnitt 5.2.1 ist bei *Innenflächen* grundsätzlich mit den *Rohbaumaßen* zu rechnen. Die Leistungsermittlung *nach Zeichnung* hat also Vorrang. Können jedoch keine *Rohbaumaße* ermittelt werden, ist nach den tatsächlich behandelten Flächen aufzumessen. Dann gelten die Maße der *fertigen* Bauteile und der *fertigen* Aussparungen und Unterbrechungen. Für die Abrechnung von *Fassaden* gilt grundsätzlich das Fertigmaß.

3. Schreibweise – Messurkunde oder Formel?

Die VOB selbst und auch die Kommentare geben keinerlei Hinweise auf die Darstellung und Schreibweise von Aufmaßen. Grundsätzlich sind sowohl Aufmaße mittels Messurkunde als auch »mathematische Formen« möglich. Beide Arten führen bei richtiger Anwendung, abgesehen von Rundungsdifferenzen, zu denselben Ergebnissen. Der Vorteil der »mathematischen Form« liegt in der komprimierten Darstellung und der geringeren Schreibarbeit. Der Forderung nach Prüfbarkeit und Übersichtlichkeit entspricht eher das Aufmaß in »Spaltenform« mittels einer Messurkunde.

Mathematische Form (vgl. Abb. 1, S. 16)

Pos. 1	Deckenfläche	(5,08 × 4,32) + (2,72 × 2,02)	=	**27,44**
Pos. 2	Wandflächen	2 × (5,08 + 6,34) × 2,40	=	54,82
	Fensterabzug	−1 × (2,26 × 1,35)	=	−3,05
				51,77

Pos. 3 Leibungen:

Fenster	(2 × 1,35) + 2,26	=	4,96
Balkontür	(2 × 2,15) + 1,01	=	+5,31
			10,27

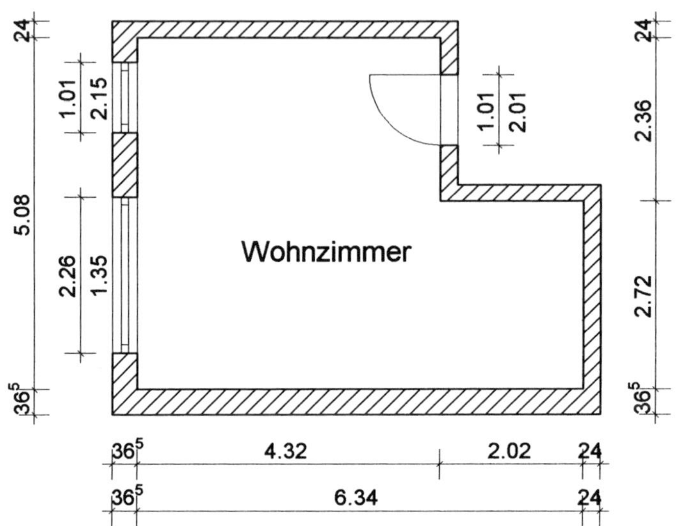

Abb. 1 Wohnzimmer mit Fertigmaßen, Raumhöhe 2,40 m

Spaltenaufmaß

Pos. Nr.	Bezeichnung	Stück +	Stück –	Abmessungen Länge	Abmessungen Breite	Abmessungen Höhe	Messgehalt	Abzug	reiner Messgehalt
1	Deckenfläche	1		5,08	4,32		21,95		
		1		2,72	2,02		5,49		
							27,44		**27,44**
2	Wandflächen	2		5,08	2,40		24,38		
		2		6,34	2,40		30,43		
	Fenster		1	2,26	1,35			3,05	
							54,81	3,05	**51,76**
3	Leibungen								
	Fenster	2		1,35			2,70		
		1		2,26			2,26		
	Balkontür	2		2,15			4,30		
		1		1,01			1,01		
							10,27		**10,27**

ABRECHNUNG VON MALER- UND LACKIERARBEITEN – BESCHICHTUNGEN (DIN 18363)
ABRECHNUNG VON TAPEZIERARBEITEN (DIN 18366)

Die Abrechnungsbestimmungen der ATV DIN 18366 „Tapezierarbeiten" entsprechen denen der ATV DIN 18363 für die Bearbeitung von Innenflächen im Wesentlichen, sodass auf eine getrennte Darstellung verzichtet wurde.

C. Abrechnung nach Flächenmaß

Bei der Abrechnung von Maler- und Lackierarbeiten spielt die Ermittlung von Flächenmaßen eine herausragende Rolle. Nach Abschnitt 5.1.1 der DIN 18363 beziehungsweise der DIN 18366 sind immer die Maße der behandelten bzw. beschichteten Flächen zugrunde zu legen. Dabei sind die Bauteile (z. B. Decken und Wände) *einzeln* zu messen. Sie enden an der Kante oder Fluchtlinie des jeweiligen Bauteils. Auch wenn die Beschichtungsarbeiten typischerweise nicht die ganze Fläche des Bauteils betreffen, z. B. Fleckspachtelungen oder Putzausbesserungen, ist die Fläche des gesamten Bauteils zu rechnen (Abschnitt 5.4.3). Prozentuale Angaben über die vorgegebene Behandlung sind für die Kalkulation der Flächen erforderlich, haben aber keinen Einfluss auf die Abrechnungsfläche.

1. Schreibregeln

Um die Prüfung von Mengenberechnungen zu erleichtern, sind einige allgemein verwendete Schreibregeln zu beachten (vgl. Kommentar zur VOB Teil C, ATV – DIN 18299 – DIN 18363 – DIN 18366, Hamburg 2018, Seite 181 f.).

(1) *Liegende Flächen* ohne Raumbegrenzung (z. B. Balkonuntersichten, Dachuntersichten):
(größere) Länge × (kleinere) Breite

(2) *Stehende Flächen* (z. B. Fenster, Türen, Wandflächen):
Grundlinie (Breite) × Höhe

(3) *Flächen in Räumen* (z. B. Decken-, Wandflächen, Fußboden):
Das Maß der Straßen- oder Fensterseite zuerst schreiben, sofern dies eindeutig ist. Es können auch andere – regional übliche – Schreibweisen verwendet werden, wenn zwischen den Vertragspartnern Übereinstimmung besteht. Wichtig ist allein der Aspekt der Prüfbarkeit.

(4) *Stockwerke und Wohnungen*:
An der Eingangstür/Wohnungstür links beginnen und im Uhrzeigersinn die Räume messen, zum Schluss den Flur.

(5) *Stückzahl gleichartiger Flächen/Teile und Anzahl der Anstrichseiten:*
Stückzahl vorne, Angabe der Beschichtungsseiten hinten.

(6) Die *Maße* werden in Metern mit zwei Dezimalstellen geschrieben. Häufig findet man bei der Leistungsermittlung aus der Zeichnung eine dritte Dezimal-

stelle (z. B. 88⁵ oder 47³). Hier ist kaufmännisch auf- oder abzurunden. Bei der Addition oder Subtraktion von Einzelmaßen aus der Bauzeichnung ist jedoch mit 3 Nachkommastellen zu rechnen (1,255 + 2,755 = 4,01 m). Die Ergebnisse (Messgehalt) werden beim Flächenmaß (m^2) und beim Längenmaß (m) bis auf zwei Stellen hinter dem Komma auf- oder abgerundet. Wird allerdings von einzelnen Auftraggebern grundsätzlich eine dritte Dezimalstelle verlangt, sollte dem selbstverständlich entsprochen werden.

(7) Es werden nur *vorhandene Maße* geschrieben. Das sind Maße, die entweder am Objekt gemessen werden oder aus der Zeichnung direkt zu entnehmen sind. Sind Maße aus der Bauzeichnung nur durch Addition oder Subtraktion vorhandener Maße zu ermitteln, sollte dies beim Aufmaß selbst – und/oder durch Ergänzung in den Zeichnungen – kenntlich gemacht werden (*errechnetes Maß*).

(8) *Vorgehensweise*:
- In einem mehrgeschossigen Gebäude im obersten Stock beginnen und Stockwerk für Stockwerk messen. Exakte Bezeichnungen verwenden.
- Bei Fassaden die Himmelsrichtungen als Bezeichnung angeben (z. B. Giebel-Ost) oder andere geeignete Merkmale (z. B. Eingangsseite, Balkonseite).

2. Aussparungen, Unterbrechungen und Leibungen

a) Begriffsdefinitionen

Aussparungen

Als *Aussparung* gelten neben Öffnungen und Nischen auch alle sonstigen Teilflächen, die nicht oder anders als die sie umgebende Fläche behandelt werden, z. B. Wandfliesen, Rollladenkästen, Kamine, Pfeiler, Rohrdurchführungen. Unmittelbar zusammenhängende, verschiedenartige Aussparungen werden stets getrennt gerechnet (vgl. Abb. 8).

Öffnungen

Öffnungen als Sonderfall einer Aussparung sind konstruktionsbedingte Durchbrüche in Decken, Wänden oder Fußböden, z. B. Türen, Fenster, Durchgänge, Lichtkuppeln. Nach Abschnitt 5.3.1 gelten auch raumhohe Öffnungen als Aussparung im Sinne der VOB (vgl. hierzu Abb. 90, S. 99).

Nischen

Nischen sind Vertiefungen in Wänden, Decken und Fußböden, die das entsprechende Bauteil nicht vollständig durchdringen, z. B. Heizkörpernischen. Die Tiefe einer Wandnische ist also stets kleiner als die Wandstärke. Entsprechendes gilt für Vertiefungen in Decken und Fußböden.

Unterbrechungen

Bei der Ermittlung der Flächenmaße sind *Unterbrechungen* trennende (durchgängige) Aussparungen geringer Breite in der zu bearbeitenden Fläche. Sie entstehen meist durch ein anderes Bauteil, das nicht oder anders als die zu bearbeitende Fläche oder Teilfläche behandelt wird und diese dadurch horizontal oder vertikal unterbricht. Dazu zählen insbesondere Unterzüge, Wandvorlagen, Fachwerkteile, Gesimse, Podeste, Friese, Lisenen und Stützen. Bei der Ermittlung der Längenmaße gelten als Unterbrechungen alle trennenden, nicht zu behandelnden Abschnitte am zu bearbeitenden Objekt.

Leibungen

Leibungen sind Begrenzungsflächen von Öffnungen und Nischen. Leibungen gelten nur als solche, wenn sie innerhalb der Wanddicke bzw. des Bauteils liegen. Schräg verlaufende Leibungen sind schräg zu messen. Leibungen können stets gesondert abgerechnet werden. Leibungen, die über die Wandstärke hinausreichen, z. B. vorgesetzte Blumenfenster und Lichtkuppeln, oder »Leibungen«, die erst durch Schornsteine, Einbauschränke und dergleichen entstehen, gelten als eigenständige Wand. (Zur Abrechnung von Leibungen vgl. S. 33)

b) Grundregeln

Die einzelnen Bestimmungen der DIN 18363 zur Abrechnung von Öffnungen, Aussparungen und Nischen sind komplex formuliert und bedürfen der Interpretation. In sechs Grundregeln, die auch für die Wärmedämmung, den Trockenbau und die Putz- und Stuckarbeiten gelten, lassen sich die wesentlichen Bestimmungen zusammenfassen. Die Abbildungen 2 bis 8 veranschaulichen diese.

Grundregel 1

Aussparungen, z. B. Öffnungen und Nischen (anders behandelt als die Wand) *bis 2,5 m² Einzelgröße* werden, immer *übermessen*.
Wurden Leibungen mitbehandelt (z. B. beim Fenster), sind diese gesondert zu rechnen (siehe Abb. 2).

Grundregel 2

Aussparungen, z. B. Öffnungen und Nischen (anders behandelt) *über 2,5 m² Einzelgröße* werden *abgezogen*.
Wurden Leibungen mitbehandelt (z. B. beim Fenster), sind diese gesondert zu rechnen (siehe Abb. 3 und 4).

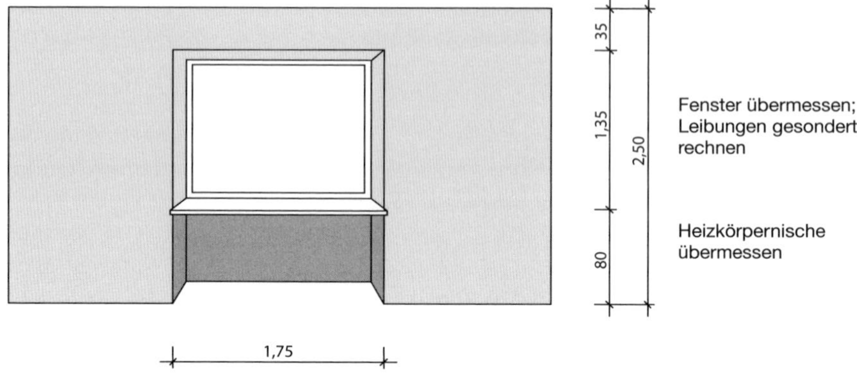

Abb. 2 Fenster und Nische (anders behandelt) jeweils ≤ 2,5 m² (zu Grundregel 1)

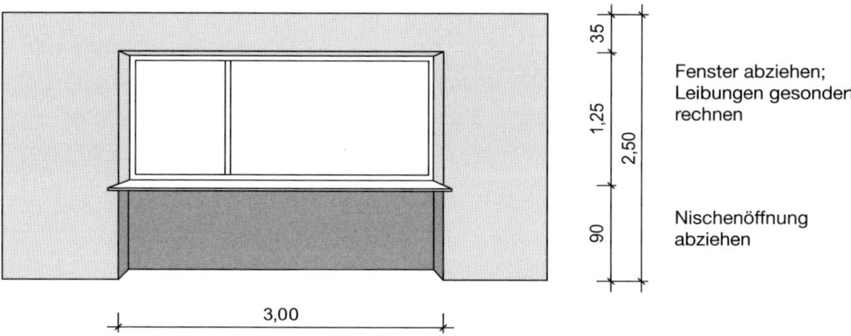

Abb. 3 Fenster und Nische (komplett anders behandelt) jeweils > 2,5 m² (zu Grundregel 2)

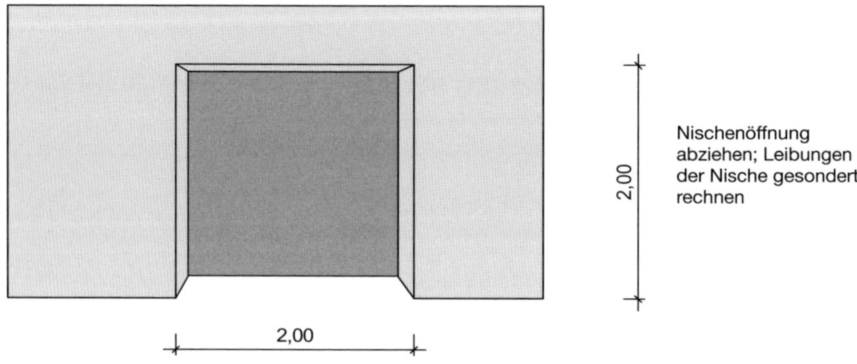

Abb. 4 Nischenrückfläche (anders behandelt) > 2,5 m² (zu Grundregel 2)

Grundregel 3

Bei Nischen *bis 2,5 m²*, die gleich behandelt werden wie die Wände, werden die *Rückfläche* und die *Leibungen* gesondert gerechnet. (Abb. 5)

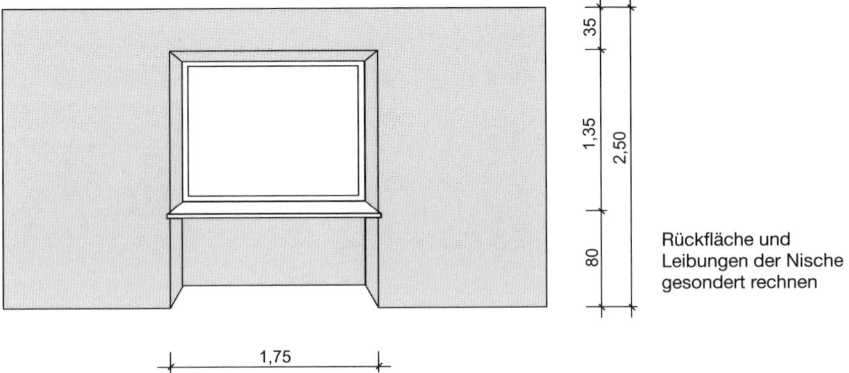

Abb. 5 Heizkörpernische (gleich behandelt) ≤ 2,5 m²

Grundregel 4

Bei Nischen *über 2,5 m²*, die gleich behandelt werden wie die Wände, werden nur die *Leibungen* gesondert gerechnet. (Abb. 6)

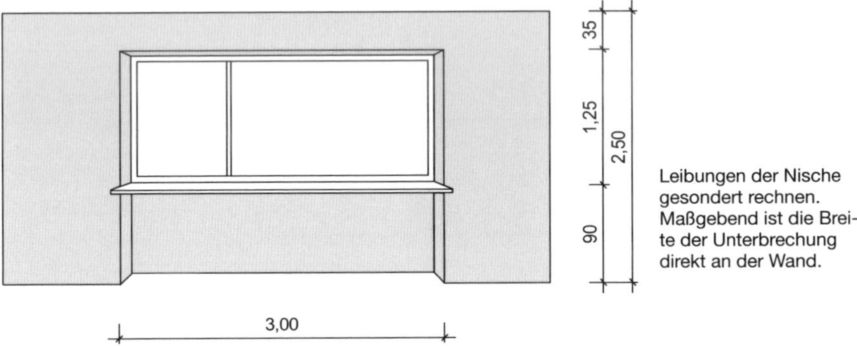

Abb. 6 Heizkörpernische (gleich behandelt) > 2,5 m²

Grundregel 5

Unterbrechungen in der zu bearbeitenden Fläche, z. B. durch Fachwerkteile, Balken, Unterzüge, Friese, Wandvorlagen, Lisenen und Gesimse, werden *bis 30 cm Einzelbreite übermessen* (Abb. 7).

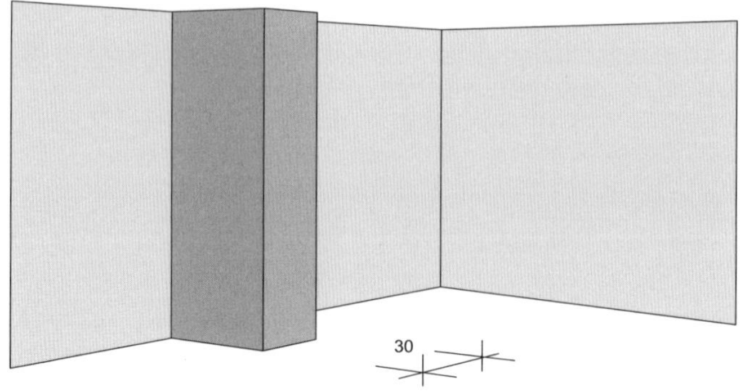

Wandvorlage bei der Abrechnung der Wand übermessen. Maßgebend ist die Breite der Unterbrechung direkt an der Wand.

Abb. 7 Vorlage (anders behandelt)

Grundregel 6
Verschiedenartige Aussparungen werden immer getrennt gerechnet, auch wenn sie unmittelbar aneinanderstoßen. Maßgebend für die Abrechnung ist jeweils die Einzelgröße der Aussparung (vgl. Abb. 8).

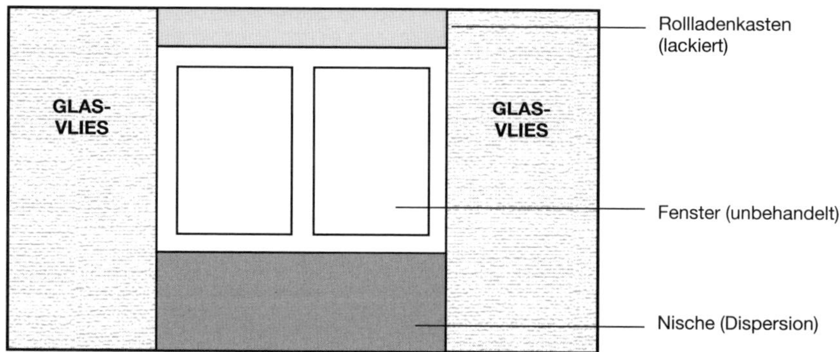

Abb. 8 Rollladenkasten, Fenster und Heizkörpernische jeweils $\leq 2{,}5 m^2$

Alle 3 Objekte werden bei der Abrechnung der Wandfläche übermessen.
Weitere Beispiele zur Abrechnung verschiedenartiger Aussparungen vgl. die Abbildungen 44, 70 und 71.

c) Besonderheiten der Abrechnung

Bei der Anwendung der Grundregeln sind außerdem folgende Besonderheiten zu beachten (Abb. 9 bis 14):

(1) *Fenster-Tür-Elemente* gelten als *eine* Öffnung

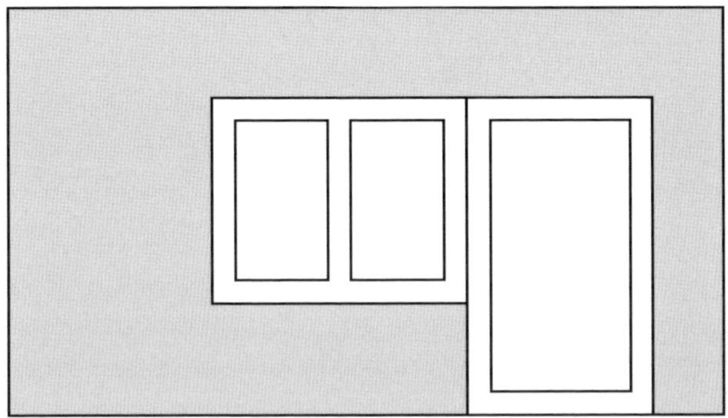

Fenster und Türe gelten als eine *konstruktive Einheit*. Sie müssen abgezogen werden, wenn beide Teilöffnungen zusammen größer als 2,5 m² sind.

Abb. 9
Fenster-Tür-Element

Fenster und Türen gelten als *getrennte* Öffnungen. Sie müssen abgezogen werden, wenn sie jeweils größer als 2,5 m² sind.

Abb. 10 Fenster und Tür als getrennte Elemente

(2) *Über Eck* reichende *Aussparungen* werden je begrenzendes Bauteil (z. B. Wand) *gesondert* gerechnet (Abb. 11 und 12).

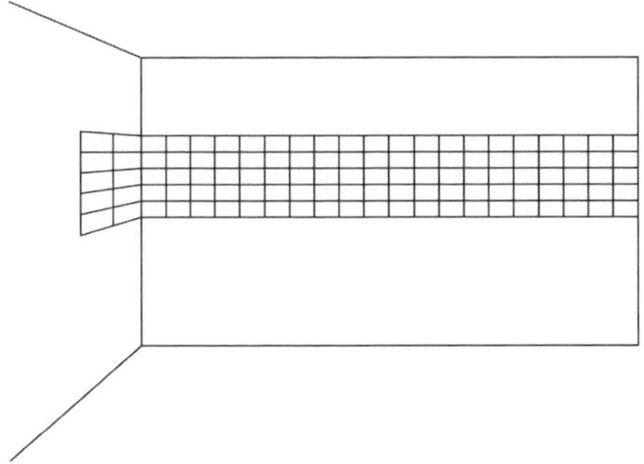

Jede Wand endet dort, wo sie von der anderen begrenzt wird. Die beiden Aussparungen werden also getrennt gerechnet.

Abb. 11 Fliesen über Eck

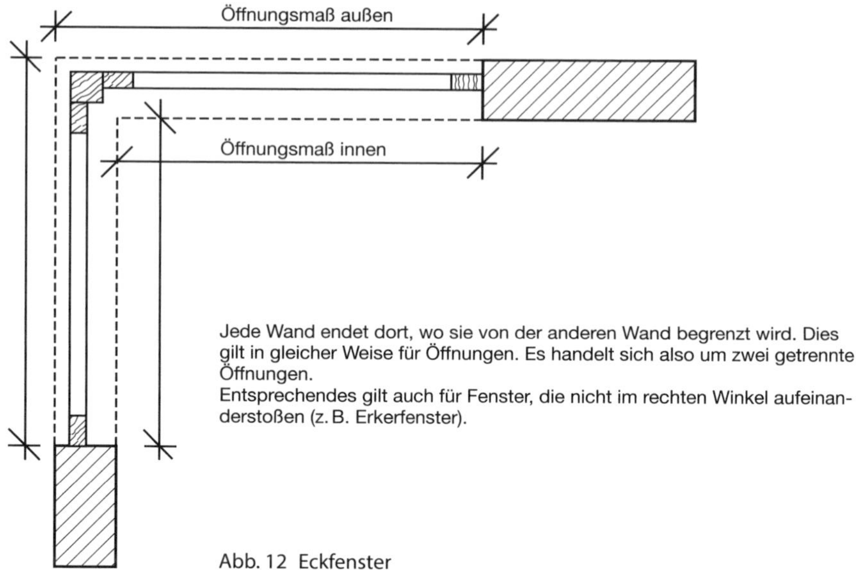

Abb. 12 Eckfenster

(3) Öffnungen und andere Aussparungen, die in verschieden abzurechnende Fläche hineinragen, werden *anteilig* gerechnet (Abb. 13).

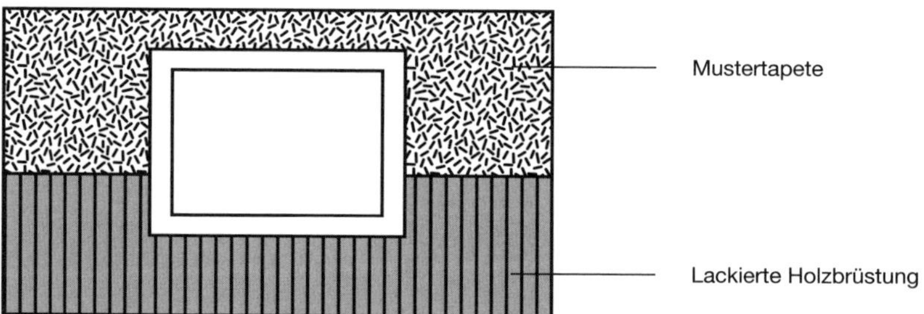

Abb. 13 Anteilige Fensteröffnung

Die Fensteröffnung wird anteilig berücksichtigt. Ein Abzug erfolgt nur bei derjenigen Anstrichfläche, deren Fensteranteil größer ist als 2,5 m².

(4) Bei der Ermittlung von Abzugsmaßen für Aussparungen sind die *kleinsten Maße* zugrunde zu legen. Das bedeutet beispielsweise, dass bei der Abrechnung nach *Fertigmaß* als Türöffnung das lichte Maß nach dem Einbau der Zarge maßgebend ist (Abb. 14) und bei schrägen Leibungen das kleinste (lichte) Öffnungsmaß.

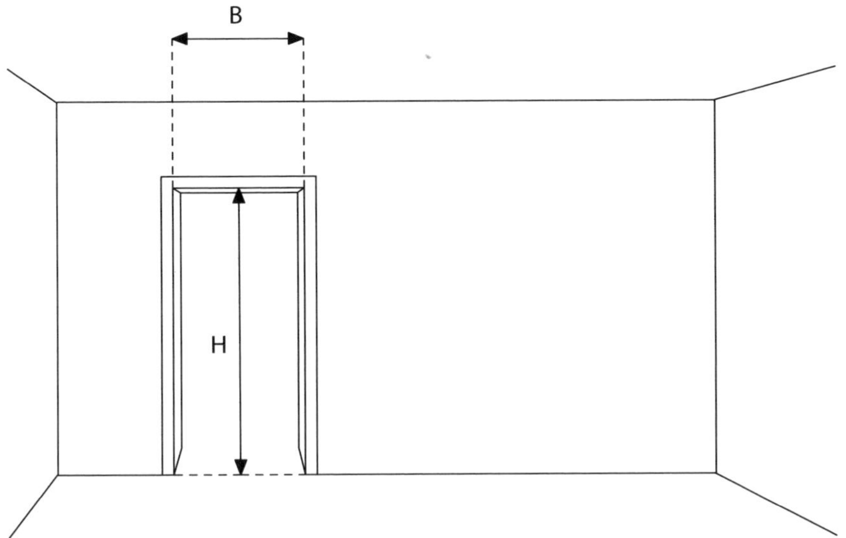

Abb. 14 Tür mit Rahmen (Öffnungsmaße: B × H).
Bei der Abrechnung nach *Zeichnung* gilt allerdings das Rohbaumaß der Öffnung.

Übung zu den Grundregeln

(Lösung im Anhang, S. 121 f.)

Ermitteln Sie für beide Zeichnungen die jeweilige Wandfläche und die Abrechnungslänge der Leibungen.

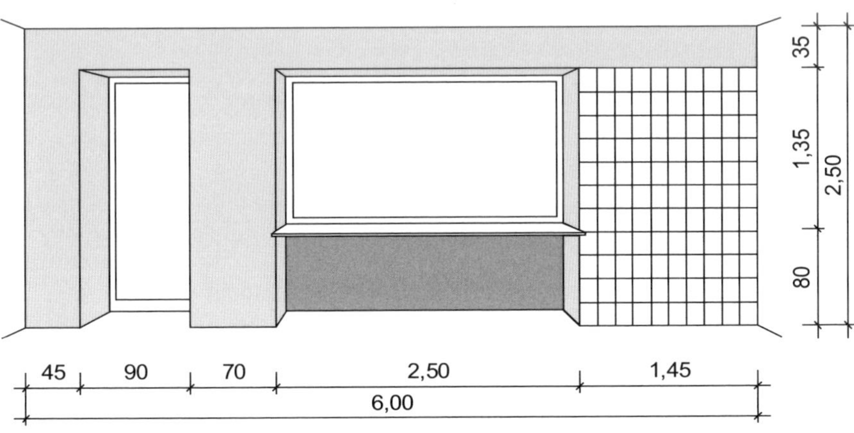

Abb. 15 Wandfläche 1 mit Tür, Fenster, Heizkörpernische und Fliesen

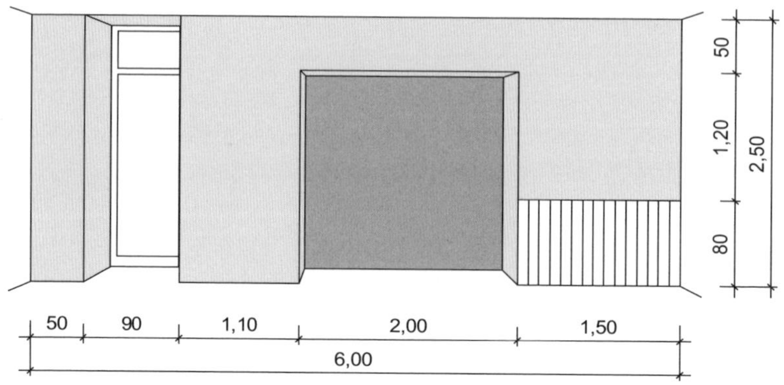

Abb. 16 Wandfläche 2 mit Tür, Nische und Holzverkleidung

3. Anwendungsbeispiel

Leistungsverzeichnis

Auftraggeber:	Baustelle:
Dr. E. Walter	Renovierung Drei-Zimmer-Eigentumswohnung
Dachsweg 5	Haydnstraße 20
70 499 Stuttgart	70 195 Stuttgart

Pos. 1 Deckenflächen in Kind, Eltern, Wohnen und Küche
Raufasertapete mit hellgetönter Dispersion deckend streichen

Pos. 2 Wandfläche in Küche inkl. Leibungen
Kunstharzputz mit Dispersion streichen

Pos. 3 Heizkörpernischen in Kind und Eltern komplett
Heizkörpernische-Rückfläche in Küche
hellgetönte Dispersion deckend streichen

Pos. 4a Wandflächen in Kind und Eltern
alte Tapete entfernen, spachteln, Prägetapete tapezieren

Pos. 4b Fensterleibungen aus Pos. 4a wie dort behandeln

Pos. 5 Decken in Bad und WC, Wände in WC
Raufasertapete zweimal mit scheuerbeständiger Dispersion streichen

Pos. 6a Wandflächen in Wohnen inkl. Heizkörpernischen
Textiltapete entfernen, Untergrund spachteln
Glasgewebe kleben und mit hellgetönter Latexfarbe streichen

Pos. 6b Leibungen aus Pos. 6a wie dort behandeln

Pos. 7 Decken- und Wandflächen im Flur
Decke abwaschen und alte Tapete an den Wänden entfernen, Glasvlies tapezieren, zweimal hellgetönte Dispersion streichen

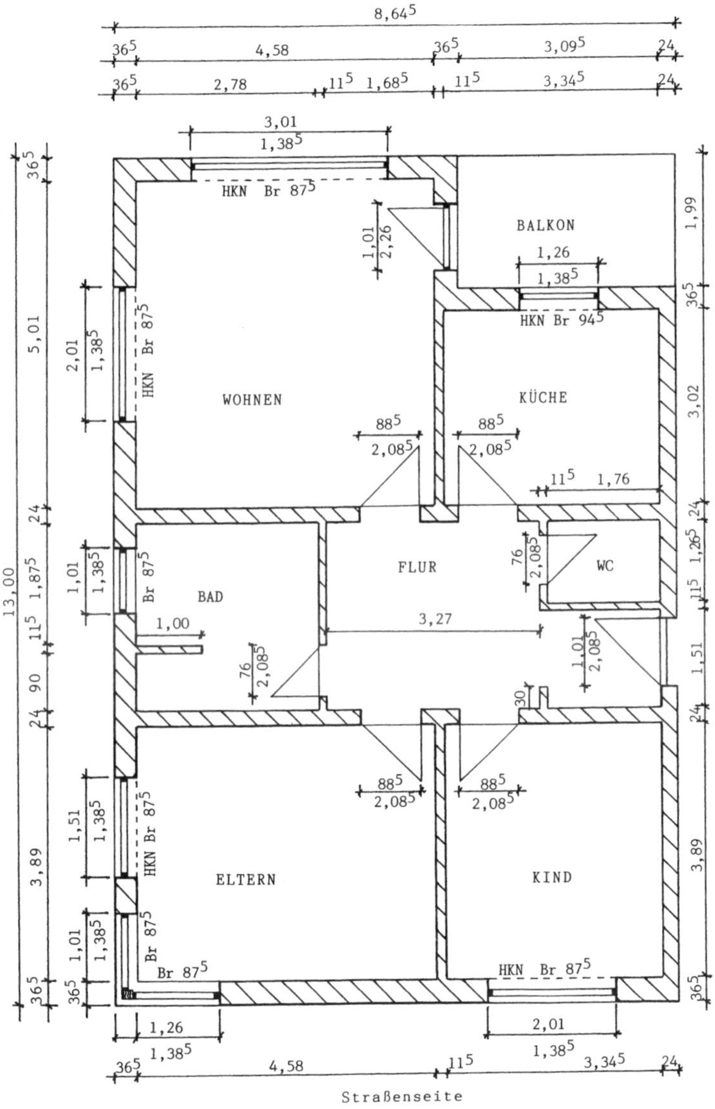

Abb. 17 Drei-Zimmer-Eigentumswohnung

Angaben zur Bauzeichnung und zur Abrechnung

Die Abrechnung erfolgt nach Fertigmaß. Die Maße der Bauzeichnung gelten als Fertigmaße.

Raumhöhe Fertigmaß	2,42 m
Leibungstiefen Fenster und Heizkörpernischen	0,15 m

Erläuterungen zur Lösung

① Die Abrechnung der Räume erfolgt im Uhrzeigersinn. Die Maße der Straßenseite werden zuerst geschrieben.

② Die Heizkörpernischen in Küche, Kind und Eltern sind entsprechend der Grundregel 1 zu übermessen. Dabei ist es unerheblich, ob die Leibungen der Nischen wie die Wände oder wie die Rückfläche behandelt werden.

③ Die Leibungen werden hier, wie im Leistungsverzeichnis gefordert, nach Flächenmaß hinzugerechnet.

④ Die Fenster in Kind und Wohnen werden entsprechend der Grundregel 2 abgezogen. Die Leibungen sind hinzuzurechnen (vgl. Pos. 4b bzw. 6b).

⑤ Alle Fenster in Eltern werden übermessen; die Öffnungen sind jeweils ≤ 2,5 m². Die Leibungen sind hinzuzurechnen (vgl. Pos. 4b).

⑥ Für Leibungen besteht eine eigene Position, die nach Abschnitt 0.5.2 nach Längenmaß abzurechnen ist.

⑦ Maße, die nicht direkt aus der Zeichnung zu entnehmen sind, sondern nur durch Addition oder Subtraktion vorhandener Maße entstehen, können entsprechend kenntlich gemacht werden.
Beim Eckfenster ist zu den oberen Leibungslängen jeweils die Leibungstiefe von 0,15 m hinzuzurechnen.

⑧ Bei der Heizkörpernische 2 (3,01 × 0,875) werden entsprechend der Grundregel 4 nur die Leibungen hinzugerechnet (vgl. Pos. 6b). Die Rückfläche ist mit der Wandflächenberechnung abgegolten.

⑨ Bei der Heizkörpernische 1 wird entsprechend der Grundregel 3 die Rückfläche hinzugerechnet. Die Leibungen sind zusätzlich zu rechnen (vgl. Pos. 6b).

⑩ Fenster und Heizkörpernischen in Küche und Eltern (vgl. Pos. 2 und 4a) werden entsprechend der *Grundregel 6* getrennt gerechnet und übermessen, da die jeweilige Aussparung ≤ 2,5 m² beträgt.
Im Kinderzimmer wird nur die Fensteröffnung abgezogen, da nach *Grundregel 6* die Heizkörpernische unabhängig von der entsprechenden Fensteröffnung gerechnet und entsprechend *Grundregel 1* übermessen wird.

Aufmaß

Firmenstempel

Auftraggeber

Dr. E. Walter, Dachsweg 5, 70499 Stuttgart

Objekt/Baustelle

Drei-Zimmer-ETW, Haydnstraße 20, 70195 Stuttgart

Art der Arbeit Renovierung **Blatt Nr.** 1/2 **Datum**

Pos. Nr.	Bezeichnung	Stück +	Stück –	Abmessungen Länge	Breite	Höhe	Messgehalt	Abzug	reiner Messgehalt
1	Deckenfläche, Raufasertapete hellgetönte Dispersion streichen								
	Kind	1		3,35	3,89		13,03		①
	Eltern	1		4,58	3,89		17,82		
	Wohnen	1		4,58	5,01		22,95		
	Küche	1		3,35	3,02		10,12		
							63,92		**63,92**
2	Wände in Küche inkl. Leibungen, Kunstharzputz mit Dispersion streichen								
	Wände	2		3,35	2,42		16,21		② ⑩
		2		3,02	2,42		14,62		
	Fensterleibungen	2		0,15	1,39		0,42		③
		1		0,15	1,26		0,19		
	HKN-Leibungen	2		0,15	0,95		0,29		
							31,73		**31,73**
3	HKN in Kind und Eltern komplett, HKN-Rückfläche in Küche, hellgetönte Dispersion streichen								
	Kind	1		2,01	0,88		1,77		
	Lbg	2		0,15	0,88		0,26		
	Eltern	1		1,51	0,88		1,33		
	Lbg	2		0,15	0,88		0,26		
	Küche	1		1,26	0,95		1,20		
							4,82		**4,82**
4a	Wände in Kind und Eltern, alte Tapete entfernen, spachteln, Prägetapete tapezieren								
	Kind	2		3,35	2,42		16,21		②
		2		3,89	2,42		18,83		
	Fenster		1	2,01	1,39			2,79	④ ⑩
	Eltern	2		4,58	2,42		22,17		⑤ ⑩
		2		3,89	2,42		18,83		②
							76,04	2,79	**73,25**

Art der Arbeit Renovierung **Blatt Nr.** 2/2 **Datum**

Pos. Nr.	Bezeichnung	Stück +	Stück –	Abmessungen Länge	Abmessungen Breite	Abmessungen Höhe	Messgehalt	Abzug	reiner Messgehalt
4b	Fensterleibungen aus Pos. 4a wie dort behandeln								
	Kind	2		1,39			2,78		⑥
		1		2,01			2,01		
	Eltern	4		1,39			5,56		
		1		1,41		err	1,41		⑦
		1		1,16		err	1,16		
		1		1,51			1,51		
							14,43		**14,43**
5	Decken in Bad und WC und Wände im WC, Raufasertapete zweimal scheuerbeständige Dispersion streichen								
	Bad Decke	1		2,78	2,89	err	8,03		⑦
	WC Decke	1		1,76	1,27		2,24		
	Wände	2		1,76	2,42		8,52		
		2		1,27	2,42		6,15		
							24,94		**24,94**
6a	Wände in Wohnen inkl. HKN, Textiltapete entfernen, Untergrund vorbereiten Glasgewebe kleben und Latexfarbe streichen								
	Wände Wohnen	2		4,58	2,42		22,17		
		2		5,01	2,42		24,25		
	Fenster		1	3,01	1,39			4,18	④
	HKN 1 Rückfläche	1		2,01	0,88		1,77		⑨⑧
	Fenster		1	2,01	1,39			2,79	④
							48,19	6,97	**41,22**
6b	Leibungen aus Pos. 6a wie dort behandeln								
	Wohnen Fensterlbg	4		1,39			5,56		⑥
		1		2,01			2,01		
		1		3,01			3,01		
		2		2,26			4,52		
		1		1,01			1,01		
	HKN-Leibungen	4		0,88			3,52		
							19,63		**19,63**
7	Decke und Wände im Flur, Decke abwaschen, alte Tapete entfernen, Glasvlies tapezieren, zweimal hellgetönte Dispersion streichen								
	Decke	1		3,27	2,89	err	9,45		⑦
		1		1,88	1,51	err	2,84		
	Wände	2		5,15	2,42	err	24,93		
		2		2,89	2,42	err	13,99		
	Vorsprung	2		0,30	2,42		1,45		
							52,66		**52,66**

D. Abrechnung nach Längenmaß und nach Anzahl

1. Abrechnung nach Längenmaß

DIN 18363, Abschnitt 0.5.2, nennt die wichtigsten Objekte, für die eine Abrechnung nach Längenmaß vorgesehen ist. Dazu zählen beispielsweise Pfeiler, Lisenen, Stützen, Unterzüge, Vorlagen, Gesimse, Untersichten von Dachüberständen und Pilaster mit einer Breite *bis 1 m* je Ansichtsfläche. Außerdem sollen andere »längliche« Objekte wie Fugen, Handläufe, Stäbe, Fensterbänke und dergleichen nach Meter abgerechnet werden, wenn das Leistungsverzeichnis keine andere Abrechnungseinheit vorsieht.
Übermessen werden alle *Unterbrechungen bis 1,00 m Einzellänge.* Als Unterbrechung gilt immer der Abstand zwischen zwei horizontal verlaufenden Enden (Abb. 18 bis 20).

Abb. 18 Durchgang

Abb. 19 Tür mit Futter und Bekleidung

Abb. 20 Tür mit schräg verlaufender Leibung

Leibungen dürfen nach DIN 18363 und DIN 18366 unabhängig von der dazugehörigen Öffnung oder Nische immer zusätzlich abgerechnet werden (Abschnitt 5.2.4). Sieht das Leistungsverzeichnis selbstständige Positionen für Leibungen vor, sind diese nach *Längenmaß* abzurechnen. Die Breite der Leibung spielt dann keine Rolle. Sind keine eigenständigen Positionen für Leibungen vorhanden und enthält das Leistungsverzeichnis in den entsprechenden Decken- bzw. Wandpositionen keinen Hinweis, sollten Leibungen nach § 2 Abs. 6 VOB/B als zusätzliche Leistung vor Beginn der Arbeiten angezeigt werden. Der Anspruch auf die Vergütung von Leibungen im Rahmen der Abrechnung von Wand- bzw. Deckenflächen besteht aber auf jeden Fall.
Rohre werden bis zu einem Umfang *von 1,00 m* nach Längenmaß gerechnet. Schieber, Flansche und dergleichen werden übermessen und sind – sofern bearbeitet – in einer gesonderten Position nach Stück zu rechnen.
Die Länge der *Dachrinne* ist am vorderen Wulst zu messen, der Rinnenquerschnitt ist anzugeben. *Fallrohre* werden im Außenbogen gerechnet (Abb. 21). Bei anderen Bauteilen gilt im Zweifel die Mittellinie.

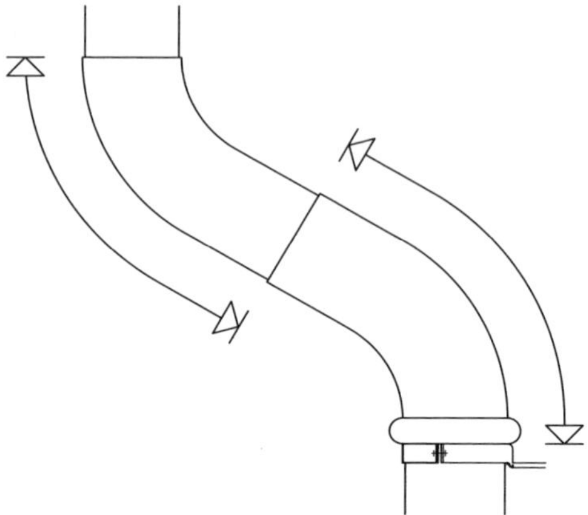

Abb. 21 Fallrohr mit Bogen

Gesimse, Umrahmungen, umlaufende Friese und Faschen werden in der *größten Länge* gerechnet (Abb. 22). Bei Gesimsen ist an den Innenecken an der untersten Kante, bei Außenecken an der obersten Kante zu messen (Abb. 23).

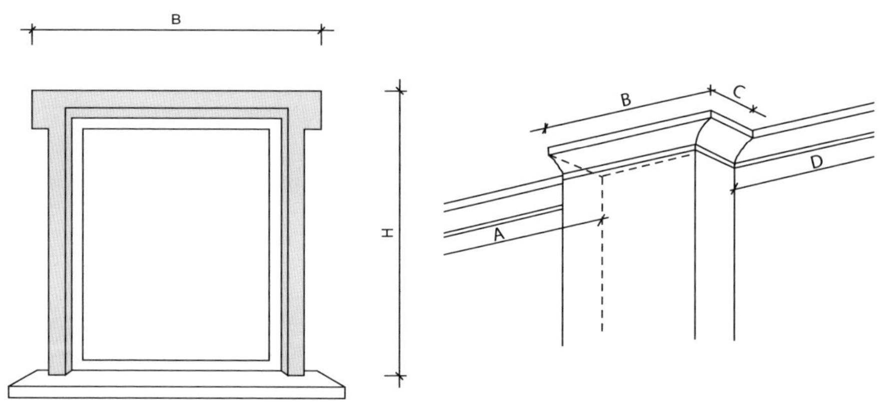

Abb. 22 Umrahmung mit Fensterbank; größte Länge = 2 × H + B

Abb. 23 Gesims; größte Länge = A + B + 2 × C + D

Übung (Lösung im Anhang, S. 122)
Eine umlaufende Fußleiste von 0,15 m Höhe in einem Raum mit 4,00 m × 6,00 m wird beschichtet. Im Raum befindet sich ein Durchgang mit dem Öffnungsmaß 1,50 m × 2,10 m. Die Zimmertür hat die Fertigmaße 0,86 × 1,99.

2. Abrechnung nach Anzahl

DIN 18363, Abschnitt 0.5.3, nennt eine Reihe von Objekten, für die eine Abrechnung nach Anzahl (Stück) in Frage kommt. Neben Türen, Zargen, Fenstern, Rollläden und Heizkörpern können auch einzelne Decken, Wände, Böden und Bekleidungen *bis 2,5 m² Einzelgröße* nach Anzahl (St) abgerechnet werden. Dies kann z. B. bei Nischen ≤ 2.5 m² zweckmäßig sein, wenn diese nicht wie die umgebenden Wände behandelt werden. Sind für diese Kleinflächen keine Positionen im Leistungsverzeichnis vorgesehen, ist deren Abrechnung im Voraus zu vereinbaren.

Grundsätzlich ist jedoch eine Abrechnung nach Stück auch für alle Bauteile sinnvoll, für die weder Flächen- noch Längenmessungen möglich oder geeignet sind (z. B. Treppenstufen, Schränke, Ständer, Zählerkästen, Abdeckungen, Kaminköpfe, Riegel, Rosetten).

Bei einer großen Anzahl von Bauteilen nahezu gleicher Größe bietet sich die Abrechnung nach Stück ebenfalls an, um den Messaufwand zu reduzieren. Die ATV DIN 18363 erlaubt im Abschnitt 5.4.2 *Maßabweichungen* von den vorgeschriebenen Maßen *bis jeweils 5 cm in der Höhe und Breite und 3 cm in der Tiefe*. Einzelvertraglich – also beispielsweise im Angebot/Leistungsverzeichnis – können jedoch auch größere Maßabweichungen von einem angegebenen »Mittelmaß« vereinbart werden.

Bei der Abrechnung nach Anzahl (St) ist eine genaue Beschreibung der Bauart und der einzelnen Abmessungen insbesondere dann wichtig, wenn überhaupt kein oder kein differenziertes Leistungsverzeichnis vorliegt und vor Ort aufgemessen wird.

Beispiel

12 Isolierglasfenster, zweiflügelig, 1,60 m × 1,29 m allseitig beschichten

Pos.		Stück		Abmessungen					reiner
Nr.	Bezeichnung	+	–	Länge	Breite	Höhe	Messgehalt	Abzug	Messgehalt
	Isolierglasfenster, zweiflügelig, allseitig								
		12		1,60	1,29	2			12 Stück

Die Zahl 2 in der Spalte »Höhe« gibt die Zahl der Anstrichseiten an und bestimmt somit die Höhe des Stückpreises.

E. Abrechnung verschiedener Objekte und deren Besonderheiten

Der Maler und Lackierer hat am Bau verschiedenartige Objekte zu bearbeiten. Unterschiedliche Anordnungen und Bauarten der Objekte führen häufig zu verschiedenen Abrechnungsergebnissen. Außerdem sind für einige Bauteile besondere Abrechnungsvorschriften zu beachten.

1. Deckenflächen und Fußböden

a) Deckenflächen

Grundsätzlich gelten als Begrenzung von Deckenflächen die entsprechenden Wandanschlüsse. Kehlen, Gesimse, Schattenfugen etc. bleiben dabei unberücksichtigt.

Unterzüge, Balken usw., die wie die Deckenfläche behandelt werden, sind zu übermessen; die Seitenteile müssen hinzugerechnet werden.
Werden Unterzüge, Deckenbalken, Stuckelemente und dergleichen anders oder überhaupt nicht behandelt, handelt es sich um *Unterbrechungen*, die *bis zu einer Breite von 30 cm* zu übermessen sind (vgl. Grundregel 5). Damit wird der Mehraufwand für das Beschichten an den Übergängen von der Decke zu den entsprechenden Bauteilen abgegolten. Bei einem Deckenbalken, der bündig mit der Wand abschließt, handelt es sich um keine Unterbrechung, sodass dieser bisher nicht übermessen werden durfte (Abb. 24). Aufgrund der neuen Regel im Abschnitt 5.3.1 der DIN 18363, wonach auch **flächenabschließende** Elemente bis zu einer *Breite von 30 cm* übermessen werden, ist für die Flächenermittlung der Decke die gesamte Breite maßgebend (Abb. 24 und 25).

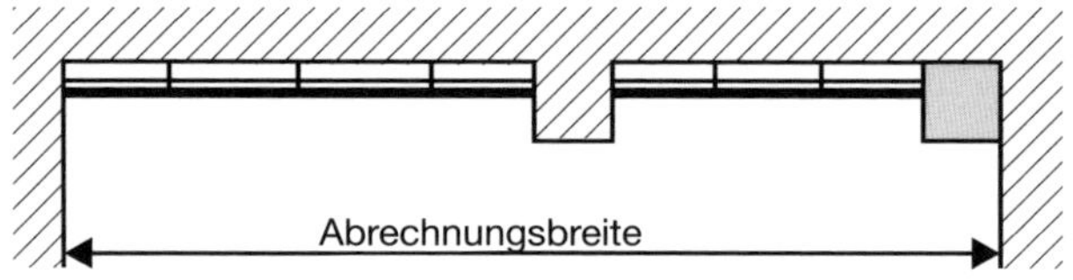

Abb. 24 Abgehängte, bearbeitete Deckenfläche mit Unterzug und Deckenbalken ≤ 30 cm Breite

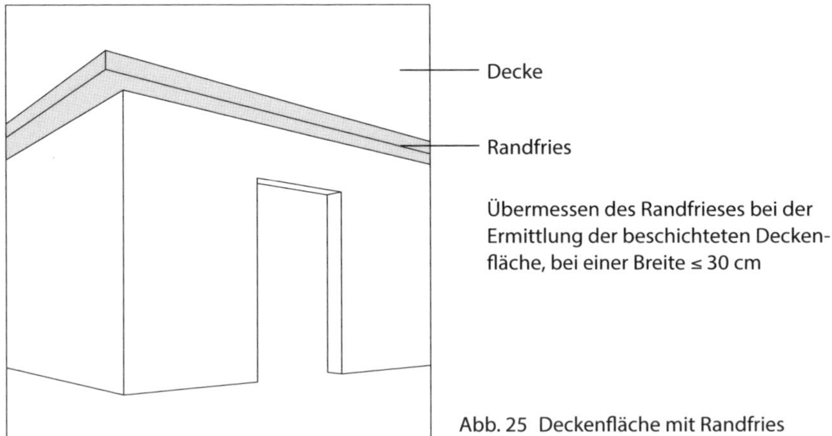

Abb. 25 Deckenfläche mit Randfries

Aussparungen wie Kamine, Pfeiler, Treppenöffnungen, Deckenfenster, Oberlichter und Glasbausteine dürfen *bis 2,5 m² Einzelgröße übermessen* werden (vgl. Grundregel 1), größere sind entsprechend abzuziehen. Bei der Flächenermittlung von *gewölbten Decken* wird in der Abwicklung gerechnet.
Erschwernisse bei der Behandlung von Deckenflächen (z. B. Kassettendecken) sind nicht in der abgerechneten Fläche, sondern im Preis zu berücksichtigen.

b) Fußböden

Bei Fußbodenbeschichtungen werden Aussparungen nur bis zu einer *Einzelgröße von 0,5 m² übermessen*, größere müssen abgezogen werden.

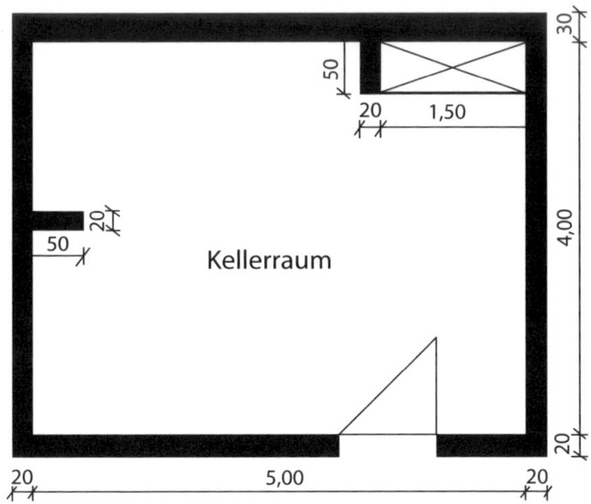

Abb. 26 Kellerraum mit Vorsprung und Einbauschrank

Pos. Nr.	Bezeichnung	Stück +	Stück –	Abmessungen Länge	Breite	Höhe	Messgehalt	Abzug	reiner Messgehalt
	Fußbodenbeschichtung	1		5,00	4,00		20,00		
	Schrank		1	1,70	0,50			0,85	
	(kein Abzug des Vorsprungs da < 0,50 m²)						20,00	0,85	**19,15**

2. Wandflächen

Wandflächen werden nach der Schreibregel Grundlinie × Höhe in die Messurkunde eingetragen. Da in rechtwinkelig angeordneten Räumen stets zwei Wandseiten die gleiche Länge (Grundlinie) haben, ist die Stückzahl zu verdoppeln.

Bei der *Ermittlung der Leistung nach Zeichnung* (Baupläne) gilt als Wandhöhe grundsätzlich das *Rohbaumaß*. Putzstärken und Estriche inklusive der Dämmung bleiben unberücksichtigt.

Erfolgt die *Leistungsermittlung* aufgrund fehlender Zeichnungen oder vertraglicher Vereinbarung durch ein *Aufmaß vor Ort,* sind nur die tatsächlich behandelten Flächen zu rechnen (Fertigmaß). Die Raumhöhe wird dann von der Oberfläche des Fertigfußbodens bis zur Unterfläche der Fertigdecke gemessen.

Unabhängig von der Art der Leistungsermittlung gelten raumbildende Systemböden, Trockenunterböden, Vorsatzschalen sowie Unterdecken und abgehängte Decken (Abb. 27) immer als *begrenzende Bauteile*, die nicht übermessen werden dürfen. Werden die Wände jedoch vor dem Einbau von Decken- oder Bodenkonstruktionen behandelt, ist mit dem tatsächlichen Maß abzurechnen.

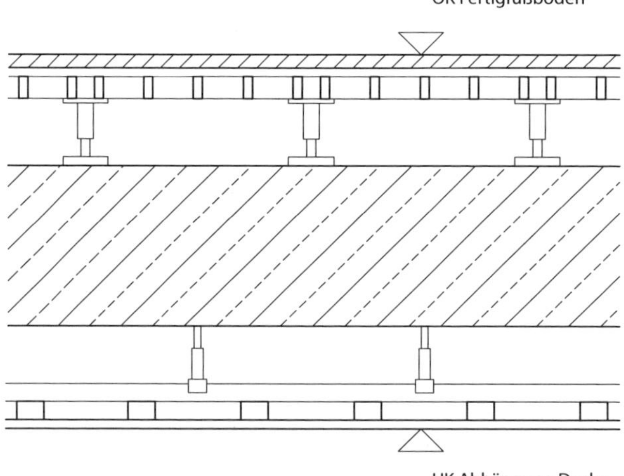

Abb. 27 Raumbildender Systemboden und abgehängte Decke

Die Unterschiede einer Leistungsermittlung *nach Zeichnung* und *nach Aufmaß* vor Ort zeigen die folgenden Beispiele (Abb. 28 bis 31).

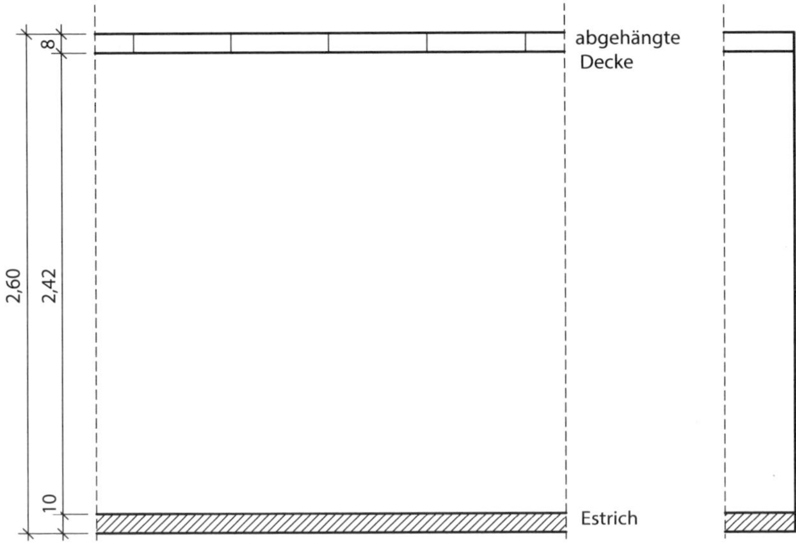

Abb. 28 Wand mit abgehängter Decke

Leistungsermittlung nach Zeichnung		Leistungsermittlung nach Aufmaß	
Abrechnungshöhe	2,52 m	Abrechnungshöhe	2,42 m

Die abgehängte Decke gilt stets als begrenzendes Bauteil. Der *Estrich* darf bei der Leistungsermittlung nach Zeichnung übermessen werden, nicht jedoch beim Aufmaß vor Ort, wenn die Rohbaumaße nicht zu ermitteln sind oder wenn die Abrechnung nach Fertigmaßen vereinbart wurde.

Nach Abschnitt 5.3.1 werden *Leisten, Sockelfliesen und dergleichen bis 10 cm Höhe* grundsätzlich *übermessen* (Abb. 29). Dies gilt auch für Leisten, die die Wand nach oben zur Decke begrenzen. Leisten und Sockelfliesen *über 10 cm Höhe* sind von der *Wandhöhe abzuziehen* (Abb. 30), sofern sie vom einen Ende der Wand bis zum anderen reichen.

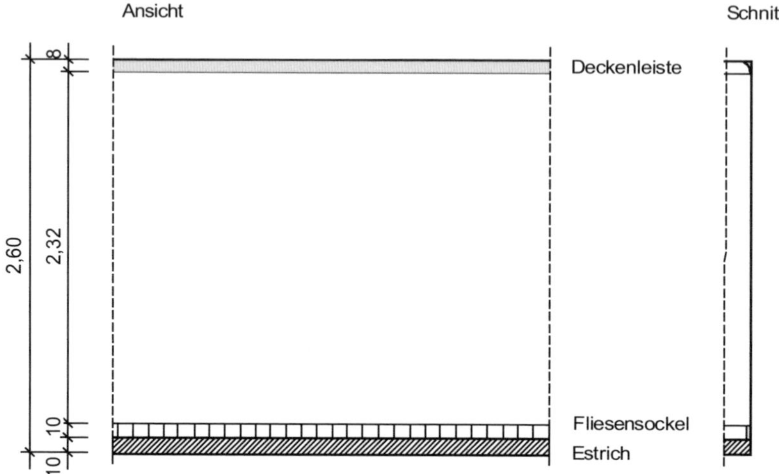

Abb. 29 Wandfläche mit Fliesensockel ≤ 10 cm, Estrichhöhe: 10 cm, Deckenleiste: 8 cm

Leistungsermittlung nach Zeichnung	
Abrechnungshöhe	2,60 m

Leistungsermittlung nach Aufmaß	
Abrechnungshöhe	2,50 m

Bei der Abrechnung nach Aufmaß vor Ort gilt das *Fertigmaß*. Der Estrich darf nicht übermessen werden, jedoch der Fliesensockel und die Deckenleiste.

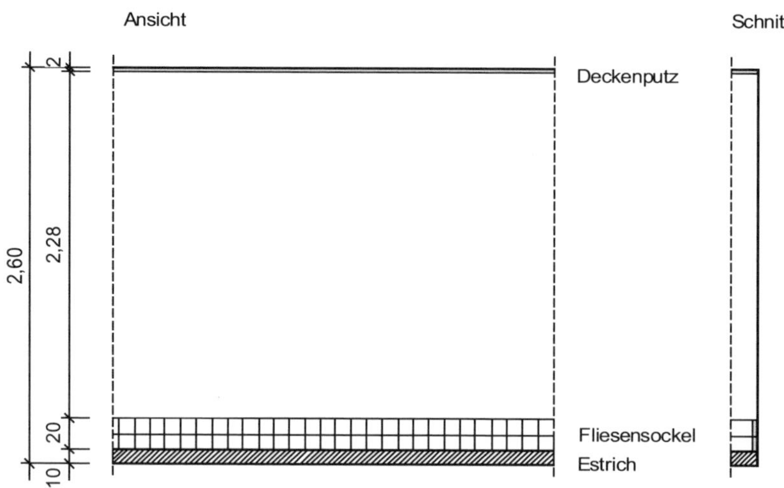

Abb. 30 Wandfläche mit Fliesensockel: 20 cm, Estrichhöhe: 10 cm, Deckenputz: 2 cm

Leistungsermittlung nach Zeichnung	
Raumhöhe Rohbaumaß	2,60 m
– Fliesensockel	0,20 m
Abrechnungshöhe	2,40 m

Leistungsermittlung nach Aufmaß	
Raumhöhe Fertigmaß	2,48 m
– Fliesensockel	0,20 m
Abrechnungshöhe	2,28 m

Bei der Abrechnung nach Aufmaß vor Ort wird von der *Fertigmaßhöhe* ausgegangen, also ohne Estrich und Deckenputz, und davon der Fliesensockel abgezogen.

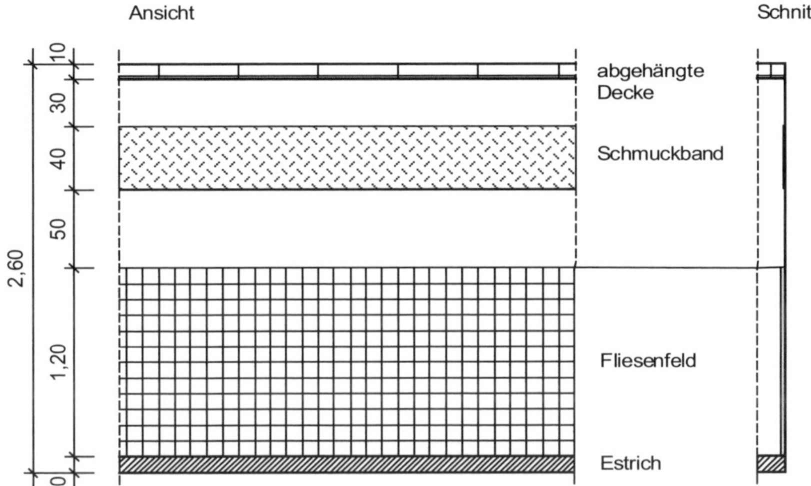

Abb. 31 Wandfläche mit abgehängter Decke, Fliesen und Schmuckband; Fliesenhöhe: 1,20 m; Höhe Schmuckband: 0,40 m; Abgehängte Decke: 10 cm; Estrichhöhe: 10 cm

Leistungsermittlung nach Zeichnung	
Raumhöhe Rohbaumaß	2,60 m
– abgehängte Decke	0,10 m
– Estrich	0,10 m
– Fliesen	1,20 m
Abrechnungshöhe	1,20 m

Leistungsermittlung nach Aufmaß	
Raumhöhe Rohbaumaß	2,60 m
– abgehängte Decke	0,10 m
– Estrich	0,10 m
– Fliesen	1,20 m
Abrechnungshöhe	1,20 m

Abgehängte Decken gelten immer als begrenzende Bauteile. Neben Decken und Böden stellen auch Bekleidungen, die von einer Wand zur anderen reichen, »Begrenzungen« der Beschichtungsfläche dar. Das Fliesenfeld und der Estrich sind daher von der Raumhöhe abzuziehen, sodass sich eine Abrechnungshöhe von 1,20 m ergibt. Das Schmuckband innerhalb der zu bearbeitenden Fläche ist keine Unterbrechung im Sinne der DIN 18363, sondern eine Aussparung, die bis 2,5 m^2 zu übermessen ist.

Bei Flächen, die *nicht* durch Aufteilung in einfache geometrische Formen wie Dreiecke, Trapeze, Rauten und Kreise zu ermitteln sind, ist das kleinste umschriebene Rechteck zugrunde zu legen. Diese Regel vereinfacht das Messen in alten Gebäuden, bei Ausbesserungsflächen und kreativen Oberflächengestaltungen. (Abb. 32 und 33).

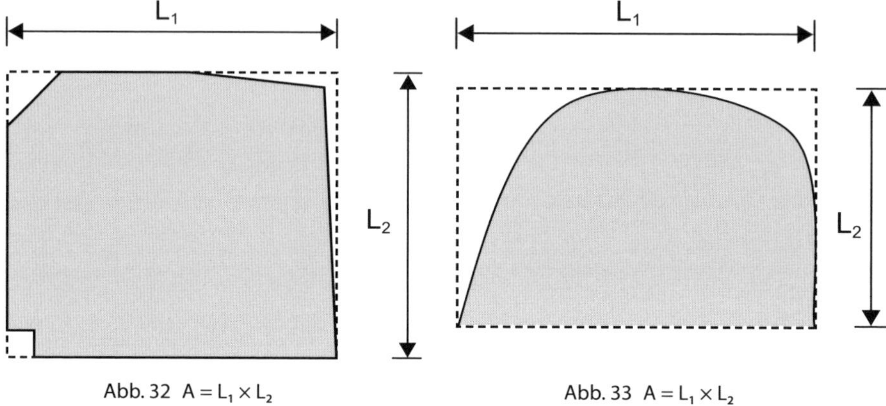

Abb. 32 $A = L_1 \times L_2$

Abb. 33 $A = L_1 \times L_2$

Gesimse und Mauervorsprünge sind bei der Ermittlung der Wandhöhe bis 30 cm Höhe zu übermessen. Kehlen und Rundungen bleiben unberücksichtigt (Abb. 34). Das Tapezieren von Gesimsen, Hohlkehlen und Rundungen ist nach DIN 18366 eine Besondere Leistung. Dies gilt ebenso für das farbige Absetzen dieser Bauteile.

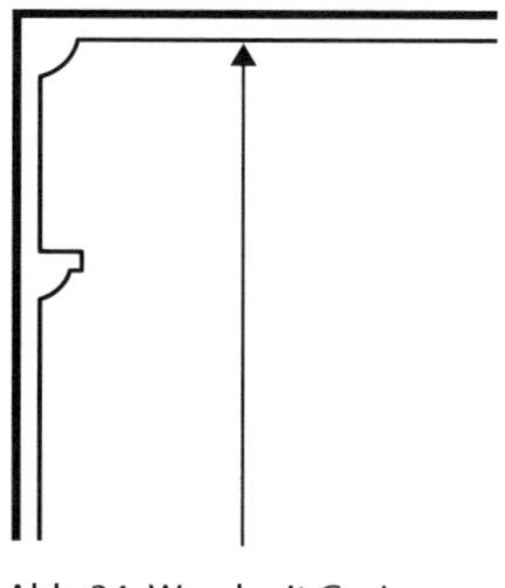

Abb. 34 Wand mit Gesims und Rundung

Die Wandhöhen *überwölbter Räume* werden bis zum Gewölbeanschnitt gerechnet. Die Wandhöhe von *Schildwänden* ist nur bis zu ⅔ des Gewölbestichs zu messen. Letzteres gilt entsprechend für Abzüge bei Fenster- und Türöffnungen mit Rundbögen.

Die Höhe von Dachschrägen wird in Schrägrichtung gemessen. Für Öffnungen gelten die bekannten Regeln. Die beiden Dreiecksflächen und die kleine Deckenfläche dürfen zur Wandfläche hinzugerechnet werden. Ein Abzug des Fensters hat nur zu erfolgen, wenn die Öffnung im senkrechten Bereich mehr als 2,5 m^2 beträgt (Abb. 35).

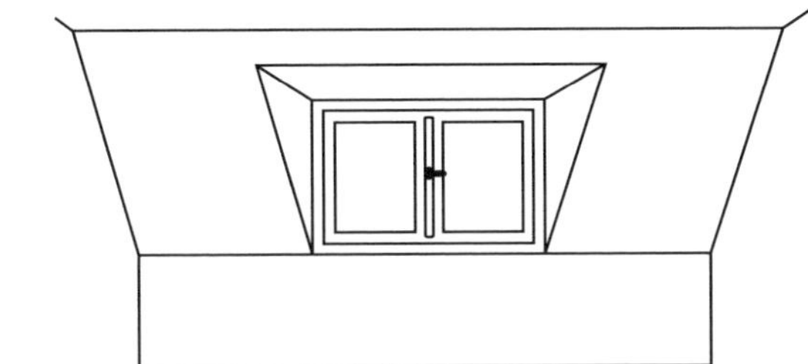

Abb. 35 Dachschräge mit Dachfenster

Das Entfernen und Wiederanbringen von mehr als fünf Schalter-, Steckdosen- und anderen Abdeckungen je Raum ist nach Abschnitt 4.2.30 eine Besondere Leistung und daher extra zu vergüten. Fehlt im Leistungsverzeichnis eine entsprechende Position, ist der Vergütungsanspruch vor Ausführung der Hauptleistung anzukündigen.

3. Türen

Für die Abrechnung von Türen gibt es zwei verschiedene Abrechnungsmöglichkeiten; Flächenmaß (m^2) oder Anzahl (Stück). Bei der Abrechnung nach Anzahl sind die üblichen Maßtoleranzen zu beachten (vgl. Abrechnung nach Anzahl (Stück)).

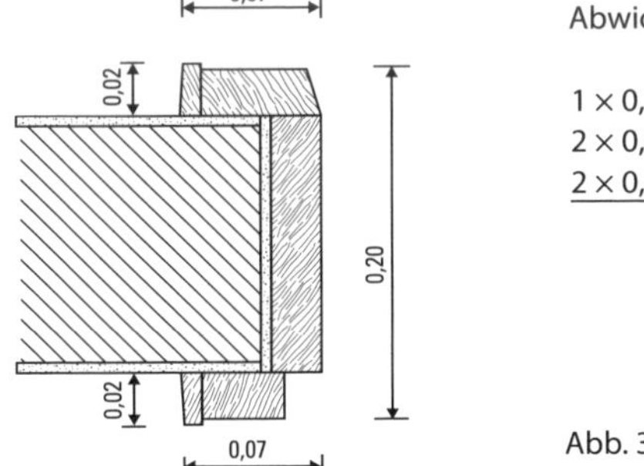

Abwicklung

1 × 0,20 m = 0,20 m
2 × 0,07 m = 0,14 m
2 × 0,02 m = 0,04 m
0,38 m

Abb. 36 Futter und Bekleidung

Bei der Abrechnung von *Türblättern nach Flächenmaß* ist je beschichtete Seite zu rechnen. Glasfüllungen oder andere Füllungen, Aussparungen sowie Vor- und Rücksprünge bleiben unberücksichtigt. *Futter und Bekleidungen* von Türen sind in der abgewickelten Fläche zu rechnen (Abb. 36). Bei Türblättern mit einer *Dicke von mehr als 60 mm* werden jedoch die *Türfalze zusätzlich gerechnet* (Abb. 37).

Beispiel 1: 10 Türen (beidseitig) mit Futter und Bekleidung
Maße: 0,86 m × 2,00 m; Abwicklung: 0,38 m

Pos. Nr.	Bezeichnung	Stück +	Stück –	Abmessungen Länge	Breite	Höhe	Messgehalt	Abzug	reiner Messgehalt
	Türblätter	10		0,86	2,00	2	34,40		
	Futter und Bekleidung	20		0,38	2,00		15,20		
		10		0,38	0,86		3,27		
							52,87		**52,87**

Beispiel 2: 2 Brandschutztüren (beidseitig)
Maße: 1,00 × 2,00 m; Falzbeschichtung seitlich und oben; Türblattstärke: 0,10 m

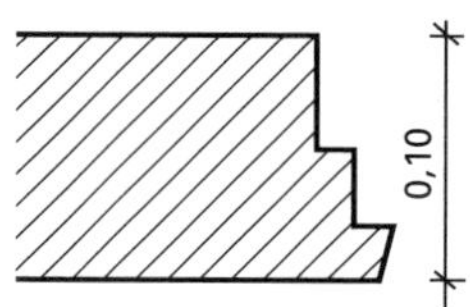

Pos. Nr.	Bezeichnung	Stück +	Stück –	Abmessungen Länge	Breite	Höhe	Messgehalt
	Türblätter	2		1,00	2,00	2	8,00
	Falze	4		0,10	2,00		0,80
		2		0,10	1,00		0,20
							9,00

Abb. 37 Türblatt mit einer Dicke > 60 mm

Im Beispiel 2 wäre es auch zulässig, die Gesamtlänge der Stirnseiten zu addieren und mit der Türblattstärke zu multiplizieren (2 × 5,00 × 0,10).

Türblätter mit Blockzarge (Stockrahmen) werden als Einheit nach Fläche oder nach Stück abgerechnet. Bei der Flächenermittlung sind Türblattstärken und Zargentiefen von mehr als 60 mm zusätzlich zu berücksichtigen (Abb. 38).

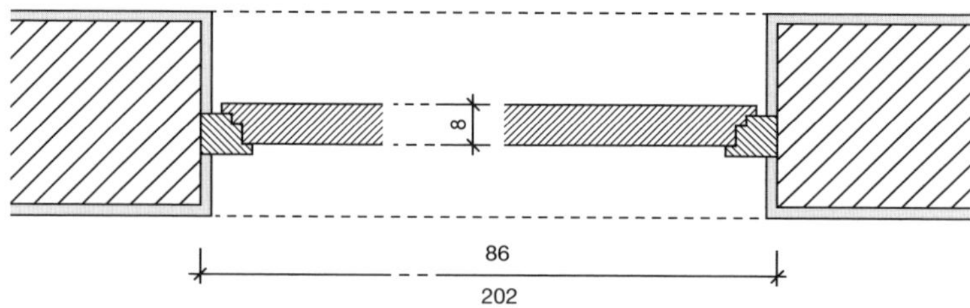

Abb. 38 Türblatt mit Blockzarge, Türblattstärke bzw. Zargentiefe > 60 mm

Beispiel 3: 2 Türblätter mit Blockzarge (beidseitig); Maße: 0,86 m × 2,02 m; Türblattstärke und Zargentiefe: 0,08 m; Abwicklung Stirnseite der Türen und der Zarge: 0,12 m (vgl. Abb. 38)

Pos. Nr.	Bezeichnung	Stück +	Stück –	Abmessungen Länge	Breite	Höhe	Messgehalt	Abzug	reiner Messgehalt
	Türen mit Blockzarge	2		0,86	2,02	2	6,95		
	Abwicklung Stirnseiten	8		0,12	2,02		1,94		
		4		0,12	0,86		0,41		
							9,30		**9,30**

Sind diese Türblätter mit Blockzarge nach Anzahl (Stück) abzurechnen, wäre folgendes Aufmaß anzugeben:

Pos. Nr.	Bezeichnung	Stück +	Stück –	Abmessungen Länge	Breite	Höhe	Messgehalt	Abzug	reiner Messgehalt
	Türen mit Blockzarge	2		0,86	2,02	2			**2 Stück**

Grundsätzlich ist bei der Abrechnung von Türen das Maß der behandelten Fläche zugrunde zu legen. Damit gelten immer die tatsächlichen Maße des Türblattes. Bei *Blendrahmentüren*, die gewöhnlich in einem Maueranschlag sitzen, sind daher die Innen- und die Außenseite getrennt zu rechnen.
Für das Aufmaß von Futter und Bekleidungen hat sich der Ansatz mit dem Maß des Türblatts als ebenfalls praktikabel erwiesen. Berechnungen haben ergeben, dass Ungenauigkeiten gegenüber der tatsächlichen Profilabwicklung unbedeutend sind und eine exakte Flächenermittlung einen unvertretbar hohen Abrechnungsaufwand verursacht.

Schwierigkeiten bestehen bei der Ermittlung der Beschichtungsfläche aus Zeichnungen, sofern diese nur die Maße der Rohbauöffnung enthalten. Bei Mengenberechnungen in Angeboten genügen Näherungsmaße, sodass hier die Berücksichtigung der Estrichhöhe ausreicht. Für eine exakte Flächenberechnung ist immer ein Aufmaß vor Ort erforderlich.

Übungen

(Lösungen im Anhang, S. 122)

Objekt: Mehrfamilienhaus mit 12 Eigentumswohnungen

Position 1 70 Wohnungs- und Zimmertüren (beidseitig) mit Futter und Bekleidung
– Abrechnung nach Flächenmaß –
Maße: 46 Türen: 0,89 m × 2,02 m; Abwicklung: 0,40 m
24 Türen: 0,76 m × 2,02 m; Abwicklung: 0,28 m

Position 2 4 Eingangstüren (beidseitig) mit Blockzarge
– Abrechnung nach Stück –
Maße: 1,00 m × 2,15 m

Position 3 12 Stahltüren (beidseitig) mit Stahlumfassungszargen
– Abrechnung nach Flächenmaß –
Maße: 0,95 m × 2,00 m; Abwicklung: 0,36 m

Position 4 2 Brandschutztüren (beidseitig) mit Eckzarge
– Abrechnung nach Flächenmaß –
Maße: 1,00 m × 2,10 m; Türblattstärke: 0,08 m; Falzbeschichtung seitlich und oben
Abwicklung Eckzarge: 0,18 m

4. Fenster

Grundsätzlich lassen sich Fenster nach *Flächenmaß* oder nach *Anzahl (Stück)* abrechnen. Liegt ein Leistungsverzeichnis vor, hat man sich an diesem zu orientieren. Bei der Abrechnung nach Stück ist darauf zu achten, dass nur nahezu gleichartige Fenster unter einem Einheitspreis zusammengefasst werden können. In der Praxis wird daher in der Regel die Abrechnung nach Flächenmaß zur Anwendung kommen. Abgerechnet wird mit dem Maß des fertig eingebauten Fensters je Anstrichseite, und zwar in ebener Fläche. Haben Innen- und Außenseiten verschiedene Abmessungen (z. B. bei Maueranschlägen), sind grundsätzlich die beschichteten Seiten getrennt zu messen. Ist jedoch die Flächendifferenz gering, kann bei mehrseitigem Anstrich das Maß der Innenseite für alle Seiten verwendet werden. Dies gilt auch für die Flügel-Zwischenseiten bei Verbundfenstern (Doppelfenstern).

Beispiel

2 Isolierglasfenster, allseitig; Maße: 2,00 m × 1,35 m
3 Isolierglasfenster, allseitig; Maße: 1,40 m × 1,35 m

Pos. Nr.	Bezeichnung	Stück +	Stück –	Abmessungen Länge	Abmessungen Breite	Abmessungen Höhe	Messgehalt	Abzug	reiner Messgehalt
	Isolierglasfenster	2		2,00	1,35	2	10,80		
		3		1,40	1,35	2	11,34		
							22,14		**22,14**

Übermessen werden Glasscheiben, Glashalteleisten, Falzüberdeckungen, Füllungen und die Profilstärke. Bauartbedingte Erschwernisse (z. B. Sprossenfenster)

führen nicht zu höheren Massen, sondern sind im Einheitspreis zu berücksichtigen. Bei *Kastenfenstern* wird jedoch die Tiefe des Kastens als Leibung hinzugerechnet. Das Abkleben sowie der Aus- und Einbau von Dichtprofilen ist als Besondere Leistung extra zu vergüten.
Großscheibenverglasungen wie *Schaufenster* können ebenfalls nach Flächenmaß abgerechnet werden. Da ihre Rahmen jedoch eher zu den Profilen zählen, sollte man die Abrechnung nach Längenmaß (getrennt je Anstrichseite) vorziehen.

Übungen

(Lösungen im Anhang, S. 123)

Position 1 10 Isolierglasfenster – allseitig – *Abrechnung nach Flächenmaß* –
Maße: 1,40 m × 1,20 m

Position 2 12 Doppelfenster – allseitig – *Abrechnung nach Stück* –
Maße: 1,20 m × 1,00 m

Position 3 20 Isolierglasfenster – allseitig – *Abrechnung nach Flächenmaß* –
Maße:
5 Fenster: 1,60 m × 1,40 m
7 Fenster: 1,20 m × 1,385 m
4 Fenster: 2,00 m × 1,30 m
4 Fenster: 1,00 m × 0,80 m

Position 4 5 Kastenfenster – allseitig – Abrechnung nach Flächenmaß –
Maße: 1,26 m × 1,35 m; Kastentiefe: 0,20 m

5. Fensterläden

Für Fensterläden und Rollläden sieht die VOB die Abrechnung nach Flächenmaß oder nach Anzahl (Stück), getrennt nach Bauart und Maßen vor. Bei der Abrechnung nach Flächenmaß sind grundsätzlich die tatsächlichen Maße je Anstrichseite anzusetzen.

Werden *Klappläden* nach Flächenmaß gemessen, können mehrflügelige Teile *je Garnitur* abgerechnet werden. Vereinfachend lässt sich hier das Öffnungsmaß des Fensters schreiben, wenn die Läden nur unwesentlich von diesem abweichen.
Als *Nebenleistung* gelten das Aus- und Einhängen, die Kennzeichnung, der Anstrich von Mauerkloben, Riegeln und Beschlägen – sofern sie wie die Läden behandelt werden – und das Reinigen der Läden von loser Verschmutzung, z.B. durch Abfegen.

Als *Besondere Leistungen* werden der Anstrich von Ausstellereinrichtungen (Abrechnung nach Längenmaß), das Entfernen alter Beschichtungen und alle Arten von farblichen Absetzarbeiten extra vergütet.

Rollläden sind ebenfalls mit dem Maß der Fensteröffnung zu rechnen, da sie in der Regel in die Öffnung des Fensters eingepasst sind. Zu den *Besonderen Leistungen* zählt der Anstrich von Rollladenführungsschienen und Ausstellereinrichtungen (Abrechnung nach Längenmaß).

6. Heizkörper

a) Abrechnung von Heizkörpern nach Tabellen

Heizkörper sind nach Tabellen abzurechnen, sofern solche vorhanden sind. Da Tabellen den *Wert der Heizfläche* angeben, sind diese insbesondere bei allseitiger Beschichtung anzuwenden. In der Praxis ist deshalb der Einsatz von Tabellen vor allem bei der Bearbeitung von Radiatoren angezeigt. Werden Plattenheizkörper allseitig beschichtet (z. B. beim Fluten), können auch dort Tabellen zur Anwendung kommen. Liegen keine Heizflächentabellen vor, ist nach der abgewickelten Fläche aufzumessen.

Beispiel 1: Radiatoren
Stahlradiator DIN 4722 20/600/160

Pos. Nr.	Bezeichnung	Stück +	Stück –	Abmessungen Länge	Abmessungen Breite	Abmessungen Höhe	Messgehalt
1	Heizkörper – Stahlradiatoren DIN 4722						
	DIN 4722	20		600	160	0,205	4,10
		⇩		⇩	⇩	⇩	
		Gliederzahl		Bauhöhe	Bautiefe	**Faktor** aus der Tabelle	

Messgehalt = Anzahl der Glieder × Faktor
(Bauhöhe und Bautiefe sind nur notwendig für die Ermittlung des Faktors aus der Tabelle.)

Sind mehrere Heizkörper mit der gleichen Gliederzahl vorhanden, kann vor die Anzahl der Glieder im Feld Bezeichnung die entsprechende Anzahl der Heizkörper geschrieben werden. Bei der EDV-unterstützten Abrechnung sind die Zeilen entsprechend der Anzahl der gleichen Heizkörper zu kopieren.

Beispiel 2: Plattenheizkörper
2 Plattenheizkörper mit Konvektionsblechen, Type DK (Schäfer), 1,50 m/600 mm

Pos. Nr.	Bezeichnung	Stück +	Stück –	Abmessungen Länge	Breite	Höhe	Messgehalt
2	Plattenheizkörper						
	Schäfer DK	2		1,50	600	5,53	16,59
		⇩		⇩	⇩	⇩	
		Anzahl Heizkörper		Baulänge	Bauhöhe	**Faktor je m** Baulänge aus der Tabelle	

Messgehalt = Anzahl der Heizkörper × Baulänge (in m) × Faktor
(Die Bauhöhe ist nur notwendig für die Ermittlung des Faktors je m aus der Tabelle.)

b) Abrechnung von Heizkörpern nach abgewickelter Fläche (nach Aufmaß)

Beim Errechnen der Anstrichfläche mittels Aufmaß können Naben und Wölbungen nicht exakt abgewickelt werden. Es sind deshalb nur Näherungswerte möglich, was jedoch in der Praxis allgemein akzeptiert wird. Als hilfreich hat sich die Verwendung von sog. *Multiplikatoren* für Radiatoren und Plattenheizkörper erwiesen. Der Multiplikator berücksichtigt die prozentuale Oberflächenvergrößerung des Heizkörpers und sollte im Zweifel vor Ausführungsbeginn mit dem Auftraggeber festgelegt werden.

Folgende Tabelle kann als Anhaltspunkt für die Festlegung von Oberflächenvergrößerungen dienen:

Heizkörpertypen	Multiplikator
DIN-Stahlradiatoren	2,2
DIN-Gussradiatoren	2,8
Stahl-Flachradiatoren	2,5
Guss-Säulenradiatoren	2,5
Stahl-Röhrenradiatoren	2,3
Plattenheizkörper, schwach profiliert	2,1
Plattenheizkörper, stark profiliert	2,3

Beispiel 3: Flächenermittlung mittels Multiplikator
1 DIN-Gussradiator 30/600/220
2 Plattenheizkörper, stark profiliert, 1 Reihe, 2,00 m/500 mm

Pos. Nr.	Bezeichnung	Stück +	Stück –	Abmessungen Länge	Breite	Höhe	Messgehalt
3	Heizkörper						
	DIN-Gussradiator	30		0,60	0,22	2,8	11,09
		Gliederzahl		Bauhöhe in m	Bautiefe in m	**Multiplikator**	
	Platten, stark profiliert	2		2,00	0,50	2,3	4,60
		Anzahl Heizkörper		Baulänge in m	Bauhöhe in m	**Multiplikator**	
							15,69

c) Besonderheiten

Werden montierte Radiatoren bearbeitet, sind diese auch dann allseitig abzurechnen, wenn nicht zugängliche Stellen unbehandelt bleiben. Plattenheizkörper, bei denen nur die Vorderseite beschichtet wird, sind nur mit dem halben Faktor bzw. Multiplikator abzurechnen. Bei mehrreihigen Plattenheizkörpern, für die keine Tabellen existieren, ist dagegen der Multiplikator entsprechend zu vervielfältigen. Für Sondertypen ist die Art des Aufmaßes vor Arbeitsbeginn gesondert zu vereinbaren. Konsolen, Halterungen und Anschlussstücke sind nach Stück abzurechnen. Rohrleitungen sind nach Längenmaß aufzumessen, wobei Flansche, Ventile und dergleichen übermessen werden.

Als *Nebenleistungen* bei Heizkörperbeschichtungen zählen insbesondere:

- Anschleifen zur besseren Haftung nachfolgender Beschichtungen;
- Entfernen von Staub und lose sitzenden Putz- und Betonteilen durch Abfegen, Absaugen und durch leichtes Schaben mit der Spachtel;
- Abkleben der Ventile für Beschichtungsarbeiten.

Übungen (Lösungen im Anhang, S. 123)

Position 1	Radiatoren unterschiedlicher Bauart		
	– Abrechnung nach Tabellen –		
	1 Gussradiator	DIN 4720 neu	20/580/160
	2 Stahlradiatoren	DIN 4722 neu	22/600/110
	1 Guss-Säulenradiator		16/870/140
	1 Stahl-Röhrenradiator mit 3 Säulen		20/750/100
Position 2	Plattenheizkörper unterschiedlicher Bauart		
	– Abrechnung nach Tabellen –		
	2 Buderus PKKP		2,50/600
	1 Hagan PK 22		1,00/500
	2 Schäfer EK		1,50/600
	1 Schäfer DKEK		0,60/300

Position 3	Radiatoren unterschiedlicher Bauart	
	– *Abrechnung nach Abwicklung* –	
	1 Gussradiator	20/500/160
	1 Guss-Säulenradiator	16/800/140
	(Multiplikator s. S. 49)	

7. Stahlbauteile, Profilbleche, Gitter, Geländer

Bei der Beschichtung von Stahlbauteilen ist zu prüfen, ob die DIN 18363 überhaupt zur Anwendung kommt. Für Stahlbauteile und für Stahlkonstruktionen, die einer statischen Berechnung oder Zulassung bedürfen, gilt die DIN 18364 »Korrosionsschutzarbeiten an Stahlbauten«. Außerdem ist die DIN 18364 anzuwenden, wenn dies in der Leistungsbeschreibung verlangt wird.
Stahlprofile und Rohre mit einem Umfang > *1,00 m* sollen entsprechend der ATV DIN 18363 nach Flächenmaß gerechnet werden. Profile und Rohre mit einem Umfang ≤ 1,00 m sind in der Länge zu messen. Sind für die Flächenermittlung Tabellen vorhanden, ist nach diesen abzurechnen. Dies gilt insbesondere für genormte Bauteile. Der Tabellenwert liefert die Anstrichfläche in m² je Meter Baulänge oder je Tonne bei allseitiger Beschichtung (vgl. Anhang S. 154 ff.).

Beispiel:
10 m mittelbreiter I-Träger IPE 200, (DIN EN 10034, alte Norm DIN 1025)
5 m mittelbreiter I-Träger IPE 400, (DIN EN 10034, alte Norm DIN 1025)

Pos. Nr.	Bezeichnung	Stück		Abmessungen			Messgehalt	Abzug	reiner Messgehalt
		+	–	Länge	Breite	Höhe			
	I-Träger IPE, DIN EN 10034								
	I-Träger IPE 200	1		10,00	0,768		7,68		
	I-Träger IPE 400	1		5,00	1,470		7,35		
							15,03		**15,03**

Zu den *Profilblechen* zählen insbesondere Wellbleche und Trapezbleche. Sind Tabellen vorhanden, wird nach diesen gerechnet, sonst nach der abgewickelten Fläche.

Gitter, Roste, Geländer, Zäune und Einfriedungen werden in der Regel zwar beidseitig beschichtet, aber nur *einseitig gemessen*. Ist ein Fenstergitter in das Öffnungsmaß eingesetzt, ist dieses anzusetzen; frei endende Gitter sind mit der größten Sichtfläche zu rechnen. Einzelne Gitterstäbe misst man am besten nach Meter.

Geländer und Zäune werden immer von der Unterkante der Stützen bis zur Oberkante des Handlaufs gerechnet. Wird der Handlauf anders behandelt, ist dieser getrennt nach Metern zu messen. *Treppengeländer* werden in Schrägrichtung gemessen. Als Höhe gilt das im rechten Winkel zum Treppenlauf stehende Maß (Abb. 39).

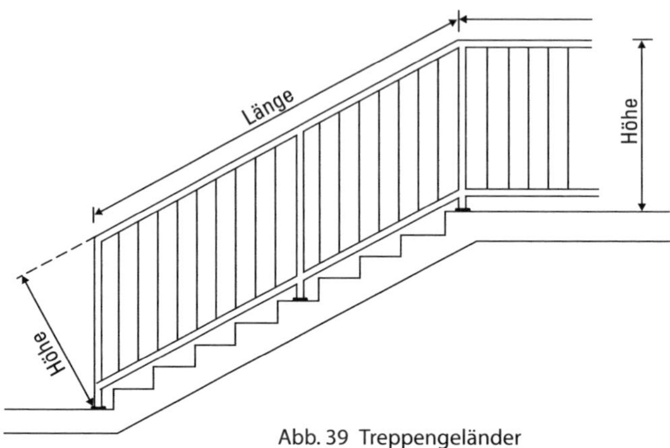

Abb. 39 Treppengeländer

Die Bauart von Gittern, Zäunen und Geländern spielt bei der Flächenermittlung keine Rolle, spiegelt sich jedoch im Preis wieder. Speziell für *Rohrgeländer* legt die ATV DIN 18363 im Abschnitt 5.2.8 fest, dass diese nach der *Länge der Rohre* abzurechnen sind (Abb. 40). Dabei sind die Rohre getrennt nach Dimensionen (Durchmesser, Umfang) und Beschichtungsart zu erfassen.

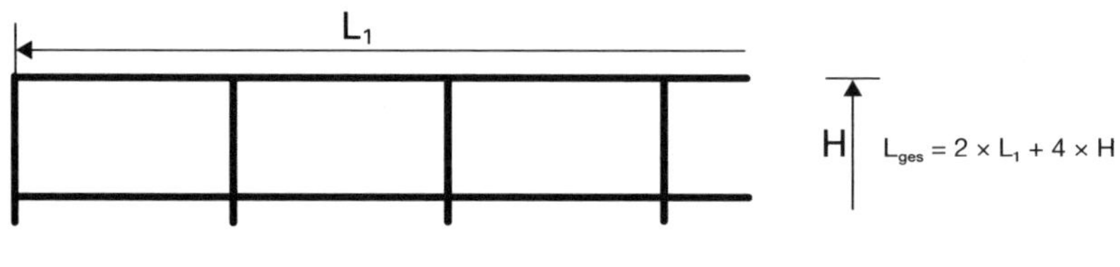

Abb. 40 Rohrgeländer

Übungen

(Lösungen im Anhang, S. 124)

Ermitteln Sie die Beschichtungsflächen für folgende I-Träger:

I-Träger allseitig beschichten

10 m mittelbreiter Träger	IPE 240	(DIN EN 10034)
20 m breite Träger (HE B)	IPB 400	(DIN EN 10034)
5 m breite Träger (HE A)	IPBI 550	(DIN EN 10034)

8. Treppenhäuser

Die Abrechnung von Beschichtungsarbeiten in Treppenhäusern erfolgt grundsätzlich nach den Regeln der DIN 18363. Allerdings sind einige Besonderheiten zu beachten.

Decken und Treppenuntersichten bzw. *Podeste* werden nach Flächenmaß gerechnet. Die Untersichten der Treppenläufe sind in Schrägrichtung zu messen. Bei gewendelten Treppen lässt sich die Untersicht am besten mit der ausgemittelten Breite rechnen.

Treppenwangen können nach Längenmaß oder nach Flächenmaß abgerechnet werden. Erfolgt die Abrechnung nach Flächenmaß – z. B. wenn die Wangen und Untersichten zu einer Position gehören –, sind die Treppenwangen mit dem kleinsten umschriebenen Rechteck zu rechnen (Abb. 41).

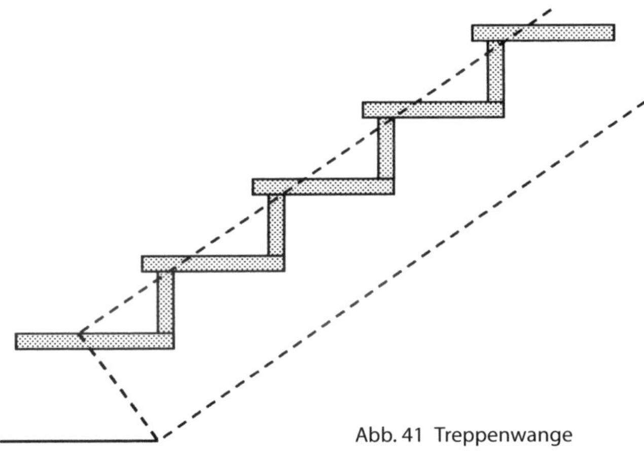

Abb. 41 Treppenwange

Für *Stufen* sieht die ATV keine Abrechnungseinheit vor. Die Abrechnung nach Stück ist jedoch am sinnvollsten. Bei unterschiedlichen Stufengrößen sollte mit einem »mittleren« Preis kalkuliert werden.

Die *Wandflächen eines Treppenhauses* können mit der gesamten Breite und Höhe gemessen werden, wenn dies – wie in Abb. 42 – aufmaßtechnisch möglich ist. An die Wand angrenzende Treppenläufe und Podeste dürfen *bis 30 cm Höhe* übermessen werden, sofern sie die Wandfläche horizontal unterbrechen. Höhere durchgängige Podeste und Treppenläufe müssen von der Wandfläche wieder abgezogen werden. Wird die Wandfläche durch Treppenläufe und Podeste nicht horizontal unterbrochen, handelt es sich um Aussparungen, die bis 2,5 m^2 übermessen werden dürfen. Unberücksichtigt bleiben alle Sockelfliesen bis 10 cm Höhe. Weil der Auf-, Um- und Abbau von Gerüsten mit *abgestufter Standfläche* von mehr als 40 cm eine Besondere Leistung darstellt, sollte bei der Bearbeitung von Treppenhäusern hierfür stets eine eigene Position im Leistungsverzeichnis enthalten sein.

Übung

Leistungsverzeichnis

Auftraggeber: Walter Goldbach
Landgraben
60 388 Frankfurt

Baustelle: Treppenhaus in einem Sechsfamilienhaus
Neubau
Roseggerstraße
60 320 Frankfurt

Pos. 1 Decken und Untersichten zweimal mit hell getönter Dispersion streichen

Pos. 2 Wände inklusive Leibungen Tiefgrund streichen, Untergrund spachteln, Glasgewebe, mittlere Struktur, mit Dispersionskleber tapezieren, scheuerbeständige Dispersion deckend streichen

Pos. 3 Treppenwangen-Innenseiten (Abrechnung nach Längenmaß) reinigen und zweimal mit getönter Dispersion streichen

Pos. 4 Treppengeländer mit Handlauf, Grundanstrich mit Kunstharzgrundierung, zweimal mit KH-Lackfarbe streichen

Pos. 5 Eingangstür und Treppenhausfenster, Isolierverglasung allseitig zweimal mit Holzschutzlasur streichen

Zusätzliche Angaben zur Zeichnung

1. Leibungstiefen innen an Eingangstür und Fenster: 0,26 m. Die Fenster haben eine Fensterbank.
2. Die Höhe des Treppengeländers inklusive Handlauf und Stützen beträgt 0,95 m.
3. Die Leistungsermittlung erfolgt auf der Basis der Zeichnungsmaße.

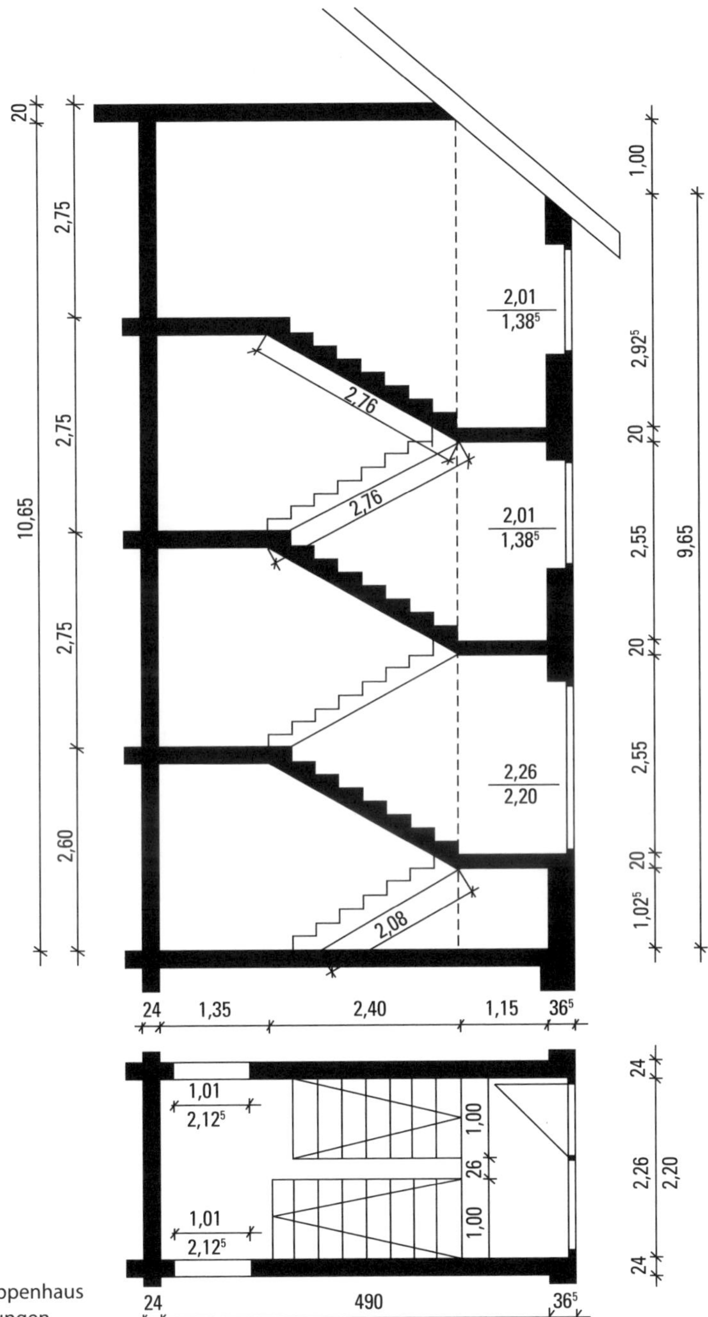

Abb. 42 Treppenhaus mit 6 Wohnungen

Aufmaß

Auftraggeber

Walter Goldbach, Landgraben, 60388 Frankfurt

Objekt/Baustelle

Treppenhaus 6-Familienhaus, Roseggerstraße, 60320 Frankfurt

Firmenstempel

Art der Arbeit Neubau **Blatt Nr.** 1/1 **Datum**

Pos. Nr.	Bezeichnung	Stück +	Stück –	Abmessungen Länge	Abmessungen Breite	Abmessungen Höhe	Messgehalt	Abzug	reiner Messgehalt
1	Decken und Untersichten, zweimal hellgetönte Dispersion streichen								
	Decke	1		2,26	3,75	err	8,48		
	Decke	1		2,26	1,52	err	3,44		①
	Untersicht Podeste	3		2,26	1,35		9,15		
		3		2,26	1,15		7,80		
	Unterzüge	5		1,00	2,76		13,80		
		1		1,00	2,08		2,08		
							44,75		**44,75**
2	Wände, Tiefgrund streichen und spachteln, Glasgewebe tapezieren, scheuerbeständige Dispersion deckend streichen								
	Wand hinten	1		2,26	10,65		24,07		
	Wand zum Eingang	1		2,26	9,65		21,81		②
	Wände seitlich	2		3,75	10,65	err	79,88		
		2		1,15	9,65		22,20		
	Dreieck oben	2		1,15	1,00	0,50	1,15		
	Fenster		2	2,01	1,39			5,59	
	Leibungen	4		0,26	1,39		1,45		
		2		0,26	2,01		1,05		
	Eingangstür		1	2,26	2,20			4,97	
	Leibungen	2		0,26	2,20		1,14		
		1		0,26	2,26		0,59		
							153,34	10,56	**142,78**
3	Treppenwangen-Innenseiten, reinigen, zweimal getönte Dispersion streichen								
	Wangen innen	5		2,76			13,80		
		1		2,08			2,08		
	Zwischenräume	6		0,26			1,56		
	oberstes Podest	1		1,00			1,00		
							18,44		**18,44**

Art der Arbeit Neubau **Blatt Nr.** 2/2 **Datum**

Pos. Nr.	Bezeichnung	Stück +	Stück –	Abmessungen Länge	Breite	Höhe	Messgehalt	Abzug	reiner Messgehalt
4	Treppenhaus inkl. Handlauf, Kunstharzgrundierung und zweimal Kunstharzlack streichen								
	Messgehalt aus Pos. 3	1		18,44	0,95		17,52		**17,52**
5	Eingangstür und Fenster aus Isolierverglasung, allseitig, zweimal Holzlasur streichen								
	Eingangstür	1		2,26	2,20	2	9,94		
	Fenster	2		2,01	1,39	2	11,18		
Aufgestellt		Anerkannt				Summe/ Übertrag	21,12		**21,12**

Erläuterungen

① Die Länge der Dachschräge wurde mit Hilfe des Satzes des Pythagoras ermittelt:
$C = \sqrt{1,15^2 + 1,00^2} = 1,52$

② Die an die Wand angrenzenden Treppenwangen und Podeste werden übermessen, da die Unterbrechungen nicht breiter sind als 30 cm.

9. Fassaden

Für das Vorbereiten und Beschichten von Fassaden gelten grundsätzlich die *Maße der behandelten Flächen.* Fassadenbeschichtungen sind deshalb immer mit dem tatsächlichen Maß des Oberputzes abzurechnen.

Für die Abrechnung von Fassadenarbeiten sind die bekannten Regeln bezüglich der Berücksichtigung von Aussparungen, Unterbrechungen und Leibungen anzuwenden. Entsprechend sind Eckfenster je Wand getrennt zu rechnen. Dies gilt auch, wenn die Außenwände im stumpfen Winkel aneinanderstoßen (Abb. 43). Nur wenn ein Fenster in einen Mauerwerks*bogen* eingelassen ist, muss das Fenster als *eine* Öffnung betrachtet werden.

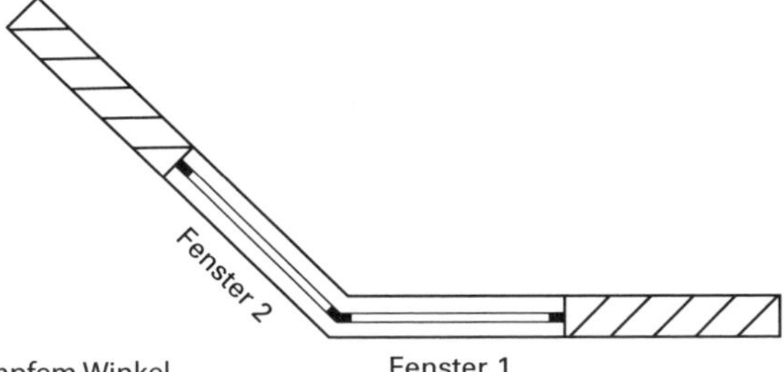

Abb. 43 Eckfenster mit stumpfem Winkel

Unmittelbar zusammenhängende, verschiedenartige Aussparungen werden getrennt gerechnet (Grundregel 6). Das bedeutet für die Fassadenseite in Abb. 44, dass die komplette Putzfläche von 12,50 m × 6,00 m für die leicht getönte Beschichtung gerechnet wird. Bei den Fenstern und den intensiv getönten Putzflächen handelt es sich jeweils um Aussparungen ≤ 2,50 m², die deshalb übermessen werden. Die intensiv getönten Putzflächen werden mit ihren tatsächlichen Maßen zusätzlich gerechnet, also 6 × 1,50 m × 1,40 m.

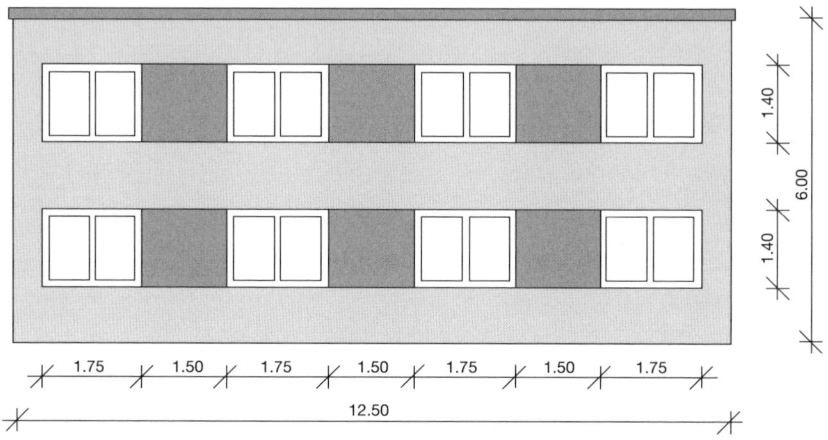

Abb. 44 Fassadenfläche mit leicht und intensiv getönter Beschichtung

Unterbrechungen in der Fassadenfläche durch *Gesimse, Lisenen, Pilaster* und *Balkonplatten* können bis zu einer Einzelbreite *von 30 cm* übermessen werden, und zwar unabhängig davon, ob sie anders als die Fassadenfläche behandelt werden oder überhaupt nicht. So bleibt das durchgehende Gesims bei der Ermittlung der Fassadenfläche (Abb. 45) bis zu einer Höhe von 30 cm komplett unberücksichtigt und zwar unabhängig von dessen Länge.

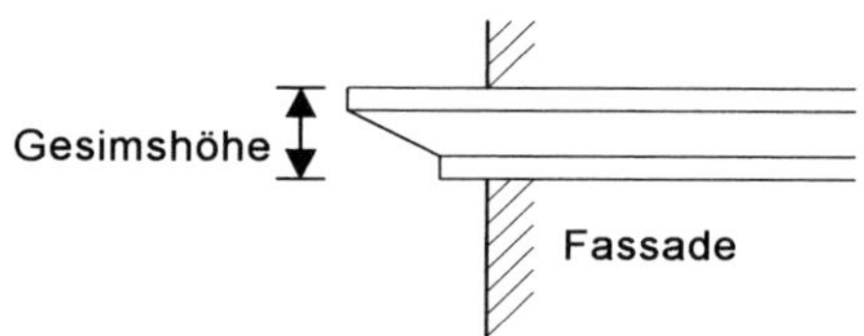

Abb. 45 Durchgehendes Gesims an einer Hausfassade

Neben Unterbrechungen dürfen auch alle *flächenabschließenden* Elemente wie Gesimse, Lisenen, Pilaster, Eckverbände und Umrahmungen bis zu einer *Breite von 30 cm* übermessen werden. Für die Abrechnung der Fassadenfläche in Abb. 46 gilt, dass alle Gesimse, Lisenen und die Umrahmung der Eingangstür mitgerechnet werden, da deren Breite jeweils ≤ 30 cm beträgt, jedoch nicht die Pilaster (Breite > 30 cm). Bei der Flächenermittlung ist es daher sinnvoll, jeweils die Einzelflächen $(L_1 + L_2 + L_3) \times H$ zu messen und alle Öffnungen > 2,50 m^2 abzuziehen.

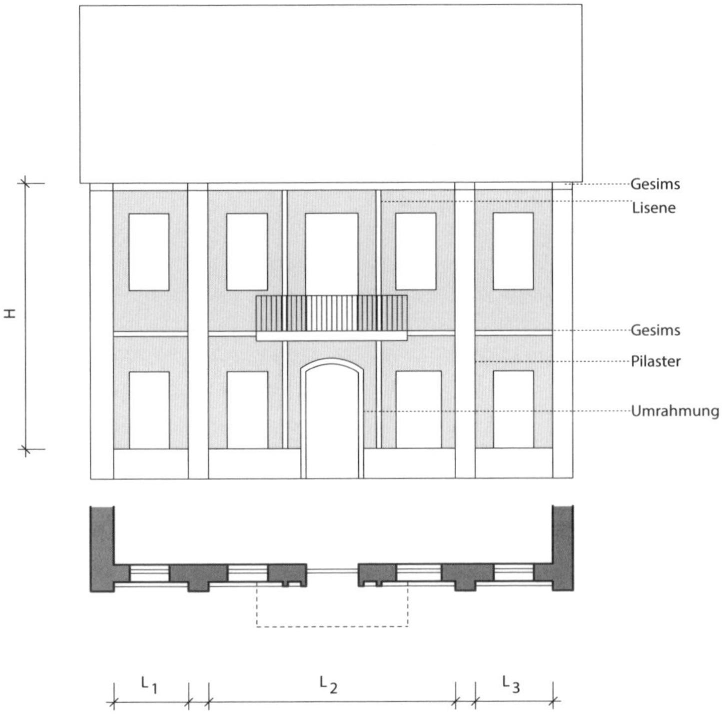

Abb. 46 Fassade mit Gesimsen und Lisenen ≤ 30 cm Breite sowie Pilaster > 30 cm Breite

Werden diese unterbrechenden bzw. flächenabschließenden Bauteile jedoch anders als die Fassadenfläche beschichtet, sind sie bis zu einer *Breite von 1,00 m* je Ansichtsfläche *nach Längenmaß zusätzlich* zu rechnen, ansonsten nach Flächenmaß.

Die Übermessungsregel für Unterbrechungen gilt auch für Fachwerkteile, sodass bei der Ermittlung der Gefachefläche alle *Fachwerkteile bis 30 cm* Einzelbreite zu *übermessen* sind. Eckständer und andere flächenabschließende Balken können ebenfalls bis zu einer Breite *von 30 cm* mitgemessen werden (Abb. 47).

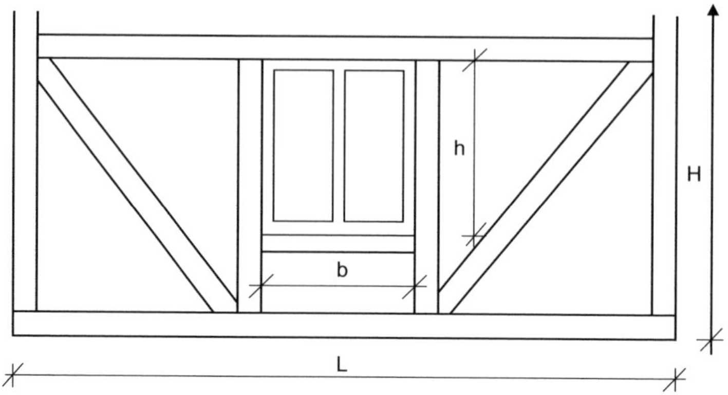

Abb. 47 Fachwerk mit Balken und Eckständer ≤ 30 cm Breite
Gefachefläche = L × H; Fensteröffnung = b × h

Eine Beschichtung der Fachwerkteile wird nach Längenmaß extra gerechnet, wobei *Überkreuzungen* in der Praxis durchgemessen werden.

Faschen werden bei der Ermittlung der Beschichtungsfläche *bis 30 cm* Einzelbreite übermessen (Abb. 48). Die Beschichtung der Fasche darf nach Abschnitt 0.5.2 zusätzlich nach Längenmaß in der größten Länge gerechnet werden.

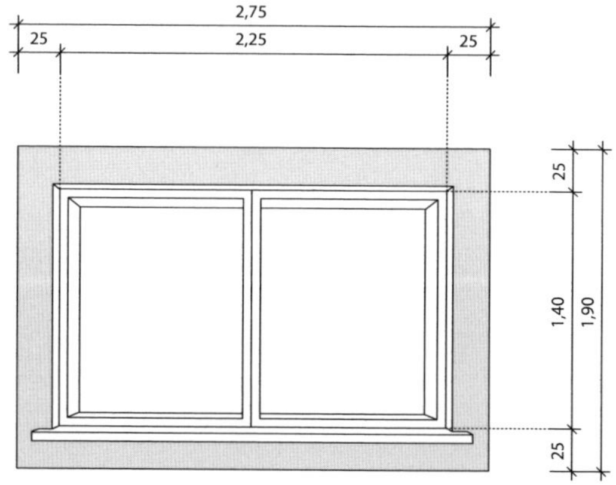

Abb. 48 Fasche farblich abgesetzt
Abrechnungslänge =
2 × 2,75 m + 2 × 1,90 m = 9,30 m

Fenster- und Türeinfassungen aus Naturstein, Betonwerkstein oder Ähnlichem sind *Umrahmungen*, die beim Ermitteln der Fläche ebenfalls *bis 30 cm Breite* übermessen werden dürfen. In Abb. 49a kann die Umrahmung mit dem Fenster insgesamt übermessen werden, wenn a × b ≤ 2,5 m². Ist die Umrahmung breiter als 30 cm (Abb. 49b), sind Fensteröffnung und Umrahmung als Einheit zu sehen. Ein

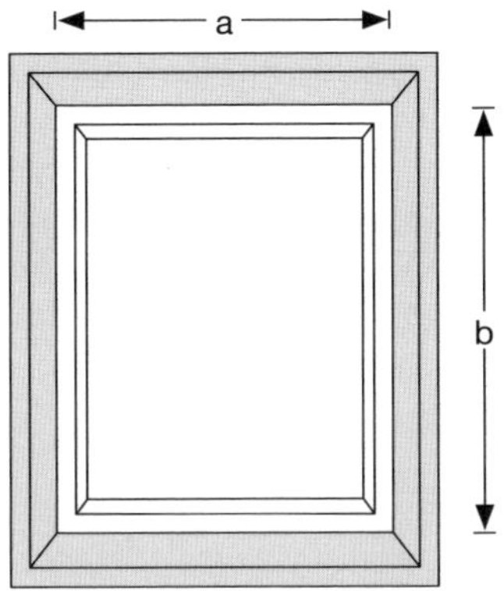

Abb. 49a Fenster mit Umrahmung
≤ 30 cm

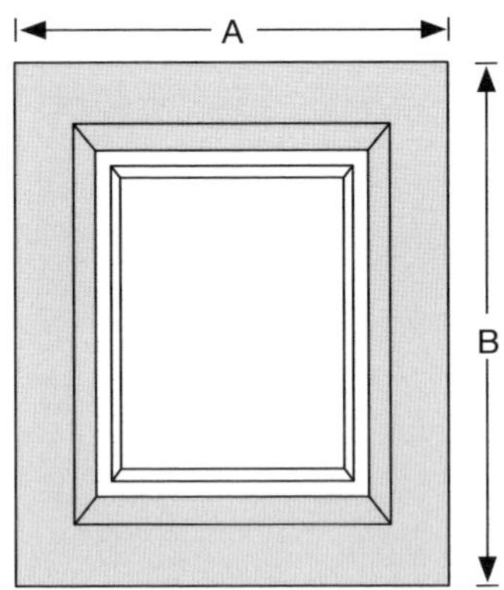

Abb. 49b Fenster mit Umrahmung
> 30 cm

Abzug ist dann vorzunehmen, wenn die Fläche der Umrahmung (A × B) mehr als 2,5 m² beträgt. Umschließt die „Umrahmung" die Öffnung nicht komplett, sind die Flächen der „Umrahmung" und der Öffnung getrennt zu bewerten. In Abbildung 49c ist daher das Fenster (> 2,50 m²) abzuziehen und die gerasterte „Teilumrahmung" aufgrund folgender Rechnung zu übermessen:

$A = (2 \times 0{,}35\ m \times 2{,}65\ m) + (0{,}35\ m \times 1{,}30\ m) = 2{,}31\ m^2$

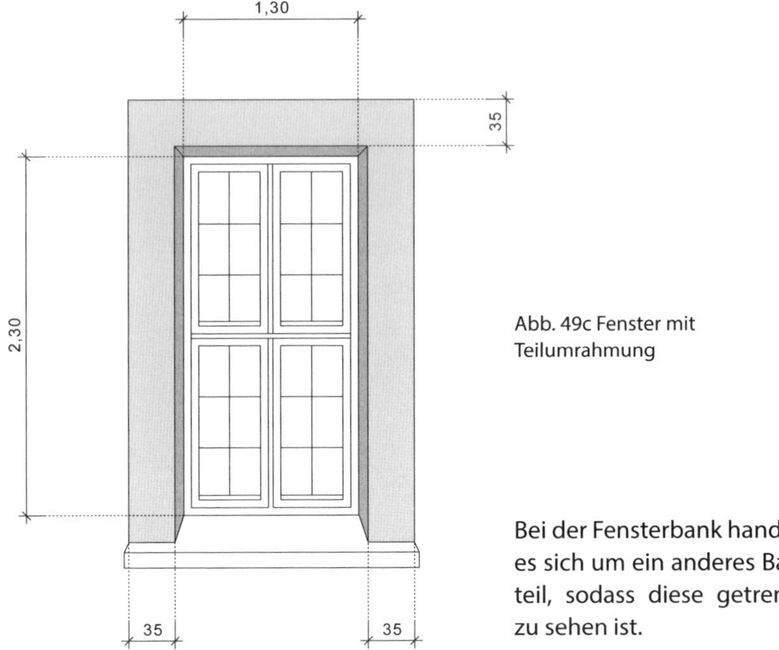

Abb. 49c Fenster mit Teilumrahmung

Bei der Fensterbank handelt es sich um ein anderes Bauteil, sodass diese getrennt zu sehen ist.

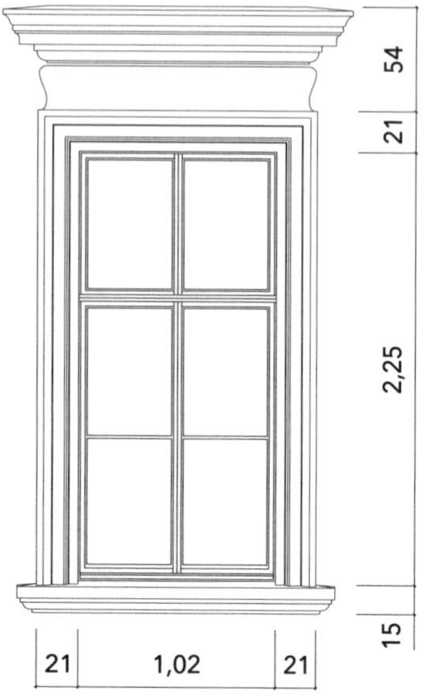

Abbildung 49d zeigt ein Fenster mit Umrahmung und einer Verdachung. Das Fenster (Öffnung ≤ 2,50 m²) und die Umrahmung (Breite ≤ 30 cm) werden jeweils übermessen. Bei der Verdachung handelt es sich um eine Aussparung ≤ 2,50 m², die ebenfalls zu übermessen ist.

Abb. 49d Fenster mit Umrahmung < 30 cm und Verdachung

Bei *Eckverbänden* handelt es sich stets um *flächenabschließende* Elemente mit unterschiedlichen Breiten. Da diese nach Abschnitt 5.3.1 nur bis zu einer Einzelbreite *von 30 cm* übermessen werden dürfen, stellt sich die Frage, an welcher Stelle die maßgebende Breite zu messen ist. Für eine praxisgerechte, prüfbare Abrechnung kommt nur das Maß der *geringsten Breite* in Betracht, weil die Fassadenfläche in ihrer größten Länge bis zu diesem Punkt zu behandeln und zu messen ist.

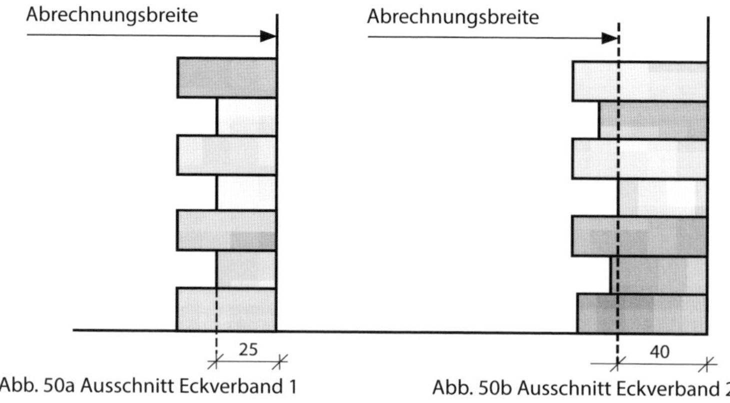

Abb. 50a Ausschnitt Eckverband 1

Abb. 50b Ausschnitt Eckverband 2

Der Eckverband in Abb. 50a hat eine geringste Breite von 25 cm und bleibt daher bei einer Fassadenbeschichtung komplett unberücksichtigt. Weil der Eckverband

in Abb. 50b eine Mindestbreite von mehr als 30 cm aufweist, darf die Fassade nur bis zu der unterbrochenen Linie gerechnet werden.
Nach Abschnitt 0.5.2 sollen behandelte Eckverbände nach Längenmaß gerechnet werden. Sieht jedoch das Leistungsverzeichnis eine Abrechnung nach Flächenmaß vor, ist mit dem kleinsten umschriebenen Rechteck je Verband zu rechnen.

Dachuntersichten von *Dachüberständen* bis 1,00 m Breite je Ansichtsfläche werden nach Längenmaß, breitere in der Abwicklung gerechnet. Bei der Abrechnung nach Flächenmaß sind zur »ebenen« Untersicht zusätzlich die Seitenflächen und die Stirnflächen(Köpfe) der Sparren hinzuzurechnen.
Da die Fläche von *Ortgangverkleidungen* nur unter unverhältnismäßig hohem Aufwand exakt festzustellen ist, kann diese vereinfachend als Rechteck abgerechnet werden. Als »Länge« darf ein Mittelwert zwischen Dachuntersicht und Oberkante zum Ansatz kommen.

Zu den *Besondere Leistungen* bei Fassadenbeschichtungen zählen insbesondere das Füllen von Verankerungsöffnungen und das Angleichen an die Oberflächenbeschichtung, der Schutz der Oberfläche gegen Algen-, Pilz- und Insektenbefall sowie das Beschneiden an stark profilierten Oberflächen wie Dachgesimsen mit Sparren, an Eckverbänden und Außentreppen. Bei fehlenden Leistungspositionen ist der Vergütungsanspruch nach § 2 Abs. 6 VOB/B *vor* der Ausführung anzukündigen.

Übung

Leistungsverzeichnis

Auftraggeber:	Ewald Binder Baustelle: Uhlandstraße 14 71111 Waldenbuch
Pos. 1	Fassadenfläche, Straßenseite Untergrund reinigen und Tiefgrund streichen, zweimal hell getönte Siliconharzfarbe streichen
Pos. 2	Fensterleibungen aus Pos. 1 wie dort behandeln
Pos. 3	Faschen an den Fenstern farblich absetzen nach Angaben des Auftraggebers
Pos. 4	Fenster außen reinigen und mit Holzschutzlasur streichen
Pos. 5	Rollladenführungsschienen reinigen und schleifen zweimal mit Kunstharzlackfarbe streichen

Angaben zur Skizze

1. Leibungstiefen Fenster 0,10 m
2. Faschenbreite 0,15 m
3. Rollladenführungsschienen an allen Fenstern im EG und im 1. OG.
4. Alle Maße der Skizze sind Fertigmaße

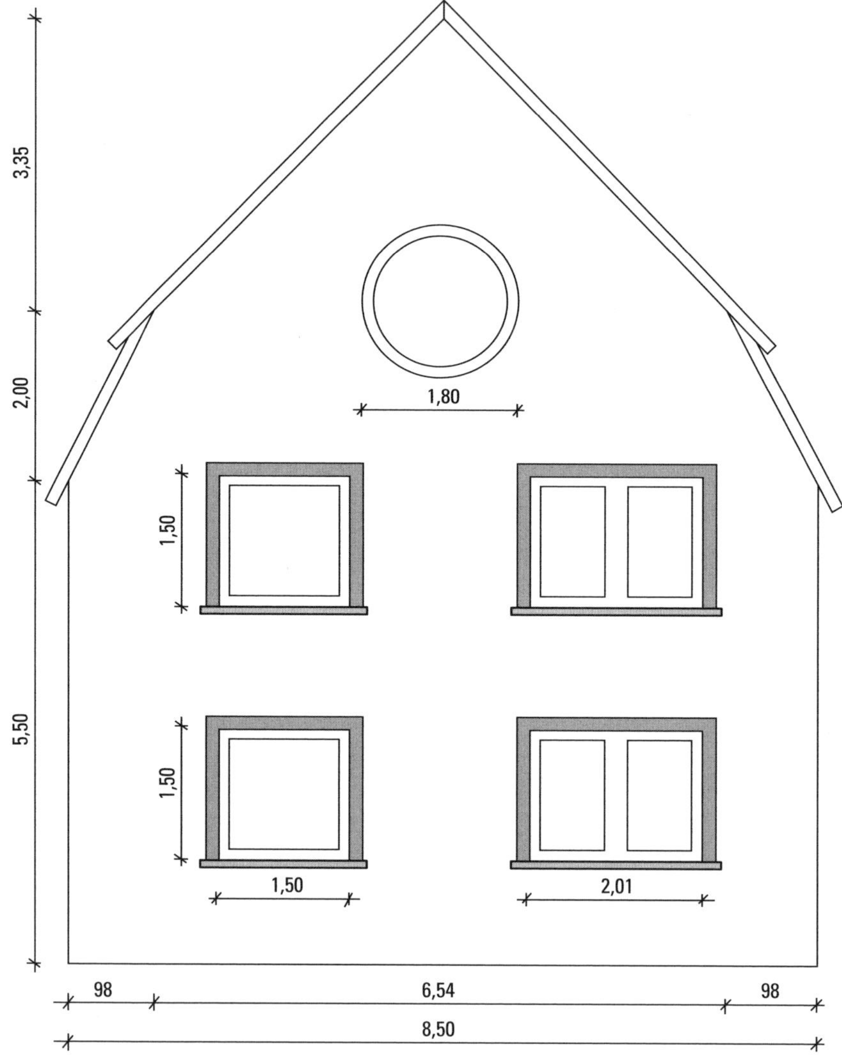

Abb. 51 Fassadenfläche

Aufmaß

Firmenstempel

Auftraggeber

Ewald Binder

Objekt/Baustelle

Fassade, Uhlandstraße 14, 71111 Waldenbuch

Art der Arbeit Fassadenarbeiten **Blatt Nr.** 1/1 **Datum**

Pos. Nr.	Bezeichnung	Stück +	Stück –	Abmessungen Länge	Breite	Höhe	Messgehalt	Abzug	reiner Messgehalt
1	Fassadenfläche Tiefgrund und zweimal Siliconharzfarbe streichen								
	Giebeldreieck	1		6,54	3,35	0,50	10,95		①
	Trapez	1		8,50	+ 6,54	2,00	15,04		
				2					
	Rechteck	1		8,50	5,50		46,75		
	Fenster		2	2,01	1,50			6,03	
	Rundfenster		1	0,90	0,90	3,14		2,54	②
							72,74	8,57	**64,17**
2	Leibungen aus Pos. 1								
	Rundfenster	1		1,80	3,14		5,65		
	Fenster seitlich	8		1,50			12,00		
	oben	2		1,50			3,00		
		2		2,01			4,02		
							24,67		**24,67**
3	Faschen farblich absetzen								
		8		1,65			13,20		③
		2		1,80			3,60		
		2		2,31			4,62		
							21,42		**21,42**
4	Fenster, außen, Holzschutzlasur streichen								
		2		1,50	1,50		4,50		
		2		2,01	1,50		6,03		
	Rundfenster	1		0,90	0,90	3,14	2,54		
							13,07		**13,07**
5	Rolladenführungsschienen, zweimal Kunstharzlackfarbe streichen								
		8		1,50			12,00		**12,00**
Aufgestellt		Anerkannt				Summe/ Übertrag			

Erläuterungen

① Die Berechnung 6,54 × 3,35 × 0,5 entspricht der Dreiecksformel $\frac{6{,}54 \times 3{,}35}{2}$

② Die Berechnung 0,90 × 0,90 × 3,14 entspricht der Kreisformel $r^2 \times \pi$

③ Im Maß 1,65 ist einmal zusätzlich zur Fensterhöhe die Faschenbreite enthalten. In den Horizontalmaßen 1,80 bzw. 2,31 ist jeweils zweimal die Faschenbreite berücksichtigt.

10. Übung zur Abrechnung verschiedener Objekte

Die Abrechnung erfolgt auf der Basis der nachfolgenden Angaben und der Bauzeichnung

Leistungsverzeichnis (Kurzform)

Auftraggeber: Albrecht Zimmer
Wehrdeich
21035 Hamburg

Baustelle: Doppelhaushälfte EG – Renovierung
Wehrdeich
21035 Hamburg

Pos. 1 Deckenflächen in Kind, Schlafen, Diele und Vorraum
Raufasertapete hell getönte Dispersionsfarbe deckend streichen

Pos. 2 Wandflächen in Kind und Schlafen Acryltapete tapezieren

Pos. 3 Fensterleibungen in Kind und Schlafen wie Pos. 2 behandeln

Pos. 4 Deckenfläche in Kochen/Essen/Wohnen
Raufasertapete mit scheuerbeständiger Dispersion streichen

Pos. 5 Wandflächen in Kochen/Essen/Wohnen
Untergrund spachteln und schleifen
Glasgewebe kleben und mit hell getönter Latexfarbe streichen

Pos. 6 Fenster- und Türleibungen in Kochen/Essen/Wohnen wie Pos. 5 behandeln

Pos. 7 Decken- und Wandflächen im Bad/DU/WC und Wandflächen in Diele und Vorraum
Putzfläche mit weißer Dispersionsfarbe deckend streichen

Pos. 8	Sockelleiste in Diele und Vorraum mit Kunstharzlack beschichten
Pos. 9	Isolierglasfenster und Terrassentür allseitig mit Holzschutzlasur streichen
Pos.10	Stahlröhrenradiatoren mit hell getönter Heizkörperlackfarbe beschichten

Heizkörperangaben:

Kind und Eltern			
2 HK:	20 Glieder	Bauhöhe 600 mm	Bautiefe 100 mm
Bad/DU/WC			
1 HK:	15 Glieder	Bauhöhe 1000 mm	Bautiefe 140 mm
Kochen/Essen			
3 HK:	10 Glieder	Bauhöhe 600 mm	Bautiefe 65 mm
Wohnen			
1 HK:	15 Glieder	Bauhöhe 1500 mm	Bautiefe 100 mm

Angaben zur Bauzeichnung

1. Raumhöhe Rohbaumaß: 2,54 m
2. Bad/DU/WC: Fliesen rundum 2,14 m über RFB (Rohfußboden)
3. Kochen
   Fliesenspiegel an allen 3 Wänden 0,90 m über FFB (Fertigfußboden), Fliesenhöhe: 0,60 m
4. Die Fensterleibungen werden wie die Wände behandelt.
5. Diele und Vorraum: Sockelleiste aus Holz, Höhe: 0,10 m.
   Der Rundbogen zwischen Diele und Vorraum wird wie die Wände behandelt. Der Ansatz des Bogens beginnt in einer Höhe von 2,14 m, gerechnet ab RFB. Die Bogenlänge beträgt 1,25 m.
6. Alle Türen haben Futter und Bekleidung.
7. Straßenseite = Haustürseite

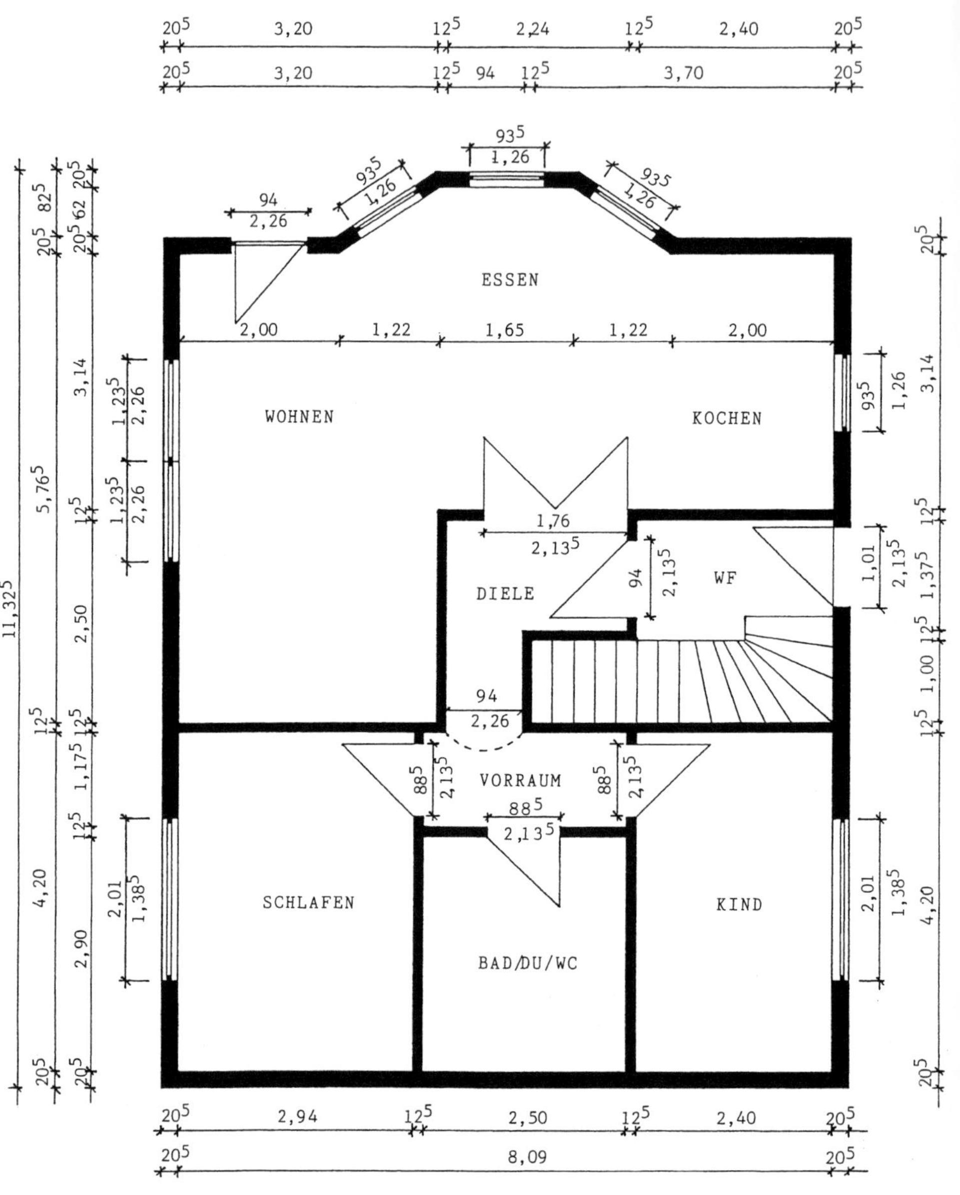
ESSEN
WOHNEN
KOCHEN
DIELE
WF
VORRAUM
SCHLAFEN
BAD/DU/WC
KIND

Aufmaß

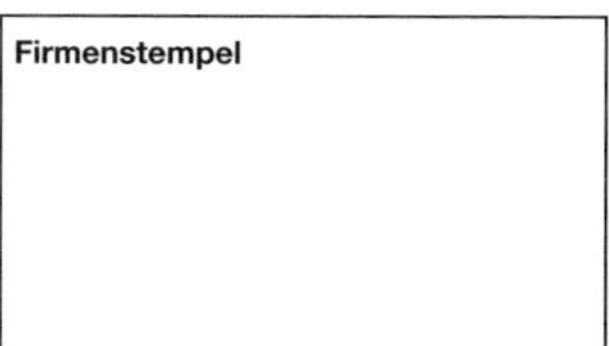

Auftraggeber

Albrecht Zimmer, Wehrdeich, 21035 Hamburg

Objekt/Baustelle

Doppelhaushälfte EG, Wehrdeich, 21035 Hamburg

Art der Arbeit Renovierung **Blatt Nr.** 1/3 **Datum**

Pos. Nr.	Bezeichnung	Stück +	Stück –	Abmessungen Länge	Breite	Höhe	Messgehalt	Abzug	reiner Messgehalt
1	Deckenflächen gem. LV Pos. 1 behandelt								
	Kind	1		4,20	2,40		10,08		
	Schlafen	1		4,20	2,94		12,35		
	Diele	1		1,38	2,24		3,09		
		1		1,13	0,94	err	1,06		
	Vorraum	1		1,18	2,50		2,95		
							29,53		**29,53**
2	Wandflächen in Kind und Schlafen gem. LV Pos. 2 behandelt								
	Kind Wände	2		4,20	2,54		21,34		
		2		2,40	2,54		12,19		
	Fenster		1	2,01	1,39			2,79	
	Schlafen Wände	2		4,20	2,54		21,34		
		2		2,94	2,54		14,94		
	Fenster		1	2,01	1,39			2,79	
							69,81	5,58	**64,23**
3	Fensterleibungen in Kind und Schlafen gem. LV Pos. 2 behandelt								
	Lbg seitlich	4		1,39			5,56		
	Lbg oben	2		2,01			4,02		
							9,58		**9,58**
4	Deckenflächen in Kochen/Essen/Wohnen gem. LV Pos. 4 behandelt								
	Decken Wohnen	1		2,63	3,20	err	8,42		
		1		3,14	8,09		25,40		
	Erker (Trapez)	1		2,87	0,83	err	2,38		
							36,20		**36,20**

$\mathbf{2{,}87} = \frac{1{,}65+4{,}09}{2}$

Art der Arbeit Renovierung **Blatt Nr.** 2/3 **Datum**

Pos. Nr.	Bezeichnung	Stück +	Stück –	Abmessungen Länge	Breite	Höhe	Messgehalt	Abzug	reiner Messgehalt
5	Wandflächen in Kochen/Essen/Wohnen gem. LV Pos. 5 behandelt								
	Wände	2		5,77	2,54		29,31	Fliesen in Kochen übermessen, da jeweils < 2,5 m^2	
		1		8,09	2,54		20,55		
		2		2,00	2,54		10,16	$\mathbf{1,47} = \sqrt{1,22^2 + 0,825^2}$	
	Erkerwände seitlich	2		1,47	2,54	err	7,47		
		1		1,65	2,54		4,19		
	Fenster		2	1,24	2,26			5,60	
	Flügeltür		1	1,76	2,14			3,77	
							71,68	9,14	**62,31**
6	Fensterleibungen in Kochen/Essen/Wohnen gem. LV Pos. 5 behandelt								
	Fenster 1	2		2,26			4,52		
		2		1,24			2,48		
	Terrassentür	2		2,26			4,52		
		1		0,94			0,94		
	Erkerfenster/Kochen	8		1,26			10,08		
		4		0,94			3,76		
							26,30		**26,30**
7	Decken und Wände in Bad/DU/WC und Wände in Diele und Vorraum gem. LV Pos. 7 behandelt								
	Bad/WC/DU Decke	1		2,90	2,50		7,25		
	Wände	2		2,90	0,40	err	2,32	0,40 m Aufmaßhöhe = Raumhöhe – Türhöhe	
		2		2,50	0,40	err	2,00		
	Diele Wände	2		2,50	2,54		12,70	Durchgang Diele/Vorraum übermessen, da < 2,5 m^2	
		2		2,24	2,54		11,38		
	Leibungen Durchgang	2		0,13	2,14		0,56		
		1		0,13	1,25		0,16		
	Flügeltür		1	1,76	2,14			3,77	
	Vorraum Wände	2		1,18	2,54		5,99		
		2		2,50	2,54		12,70		
							55,06	3,77	**51,29**

Art der Arbeit Renovierung **Blatt Nr.** 3/3 **Datum**

Pos. Nr.	Bezeichnung	Stück +	Stück –	Abmessungen Länge	Breite	Höhe	Messgehalt	Abzug	reiner Messgehalt
8	Sockelleiste in Diele und Vorraum gem. LV Pos. 8 behandelt								
	Diele	2		2,63		err	5,26	Alle Unterbrechungen (Türen und Durchgang) < 1 m werden übermessen	
		2		2,24			4,48		
			1	1,76				1,76	
	Vorraum	2		1,18			2,36		
		2		2,50			5,00		
							17,10	1,76	**15,34**
9	Isolierglasfenster/Terrassentür gem. LV Pos. 9 behandelt								
	Kind	1		2,01	1,39	2	5,59		
	Schlafen	1		2,01	1,39	2	5,59		
	Wohnen	2		1,24	2,26	2	11,21		
		1		0,94	2,26	2	4,25		
	Essen-Erker	3		0,94	1,26	2	7,11		
	Kochen	1		0,94	1,26	2	2,37		
							36,12		**36,12**
10	Stahlröhrenradiatoren gem. LV Pos. 10 behandelt								
	Kind	20		600	100	0,140	2,80		
	Eltern	20		600	100	0,140	2,80		
	Bad	15		1000	140	0,320	4,80		
	Kochen/Essen	10		600	65	0,100	1,00		
		10		600	65	0,100	1,00		
		10		600	65	0,100	1,00		
	Wohnen	15		1500	100	0,350	5,25		
Aufgestellt		Anerkannt				Summe/ Übertrag	18,65		**18,65**

ABRECHNUNG VERWANDTER GEWERKE

F. Abrechnung von Trockenbauarbeiten (DIN 18340)

Die ATV DIN 18340 »Trockenbauarbeiten« gilt für Raum bildende Bauteile des Ausbaus, die in trockener Bauweise hergestellt werden. Dazu zählen insbesondere das Herstellen von Deckenbekleidungen und Unterdecken, Wandbekleidungen, Trockenputz, Innendämmungen und Vorsatzschalen, von Brandschutzbekleidungen, Trenn- und Systemwänden, von Trockenunterböden, Doppelböden und Hohlböden sowie die Montage von Zargen, Türen und anderen Einbauteilen in vorgenannte Konstruktionen. Sie gilt auch für Trockenbauarbeiten in Verbindung mit dem Einbau von Flächenheiz- und Kühlsystemen, jedoch nicht für Konstruktionen des Holzbaus (ATV DIN 18334) und für Putz- und Stuckarbeiten nach ATV DIN 18350.

1. Grundlegende Vorschriften

Bei der Abrechnung von Trockenbauarbeiten nach DIN 18340 wird nicht zwischen der Leistungsermittlung nach *Zeichnung* und der Leistungsermittlung nach *Aufmaß* unterschieden. Es gelten grundsätzlich die *Maße der Bekleidung* bzw. der hergestellten Beläge und Bauteile, wobei immer raumweise aufzumessen ist.

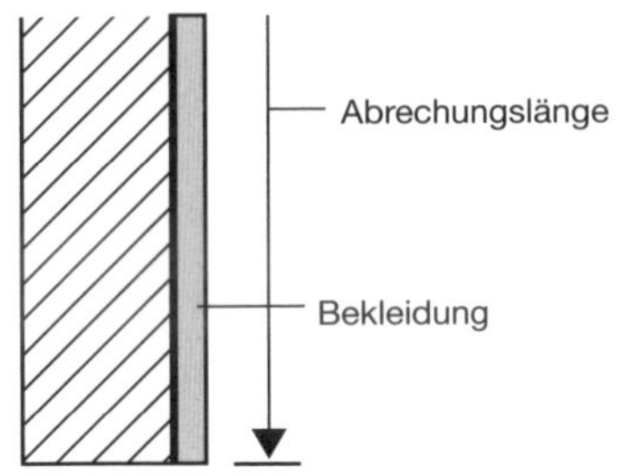

Abb. 52 Bekleidung einer Wandscheibe (Grundriss)

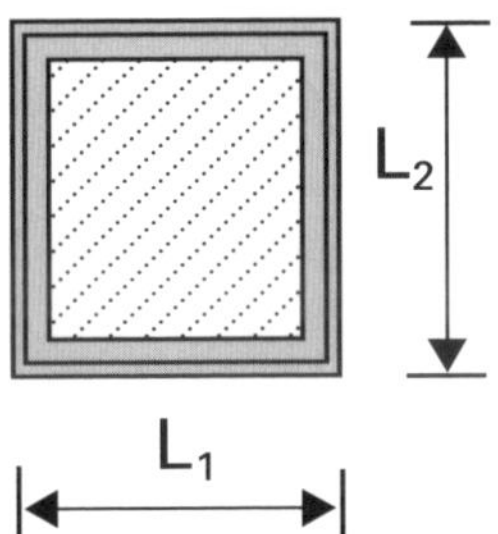

Abb. 53 Bekleidung eines Beton-Pfeilers mit den Kanten $L_1 = 1{,}25$ m und $L_2 = 1{,}50$ m
$L_{ges} = 2 \times L_1 + 2 \times L_2 = 5{,}50$ m; $A = L_{ges} \times$ Höhe
(Gilt auch für die Haftbrücke, selbst wenn dafür eine eigene Position ausgeschrieben ist.)

Verkofferungen und Bekleidungen für Pfeiler, Stützen, Träger, Unterzüge sowie für Rohre und Leitungen werden bis zu einer Breite von 1 m je Ansichtsfläche nach Längenmaß gerechnet. Bei einer Breite von mehr als 1 m ist gemäß Abschnitt 0.5.1 das Flächenmaß vorgesehen (Abb. 53).
Bei Flächen *mit* begrenzenden Bauteilen gelten die Maße der zu behandelnden Flächen bis zu den sie begrenzenden, ungeputzten, ungedämmten bzw. unbekleideten Bauteilen (Abb. 54).

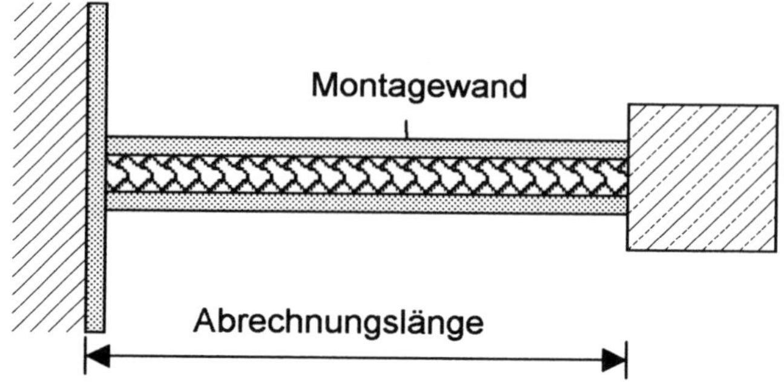

Abb. 54 Anschluss einer Trennwand an bekleidete Wand und unbekleidete Stütze (Grundriss)

Als begrenzende Bauteile gelten grundsätzlich alle raumabschließenden Konstruktionen des *Rohbaus*, wie Decken, Wände und Böden. Die DIN 18340 erweitert für ihren Geltungsbereich diese Definition und zählt raumbildende Systemböden, Trockenunterböden, Estriche, leichte Trennwände sowie Unterdecken und abgehängte Decken ebenfalls zu den begrenzenden Bauteilen, sofern ihre Oberflächen nicht durchdrungen werden (Abschnitt 5.2.2).

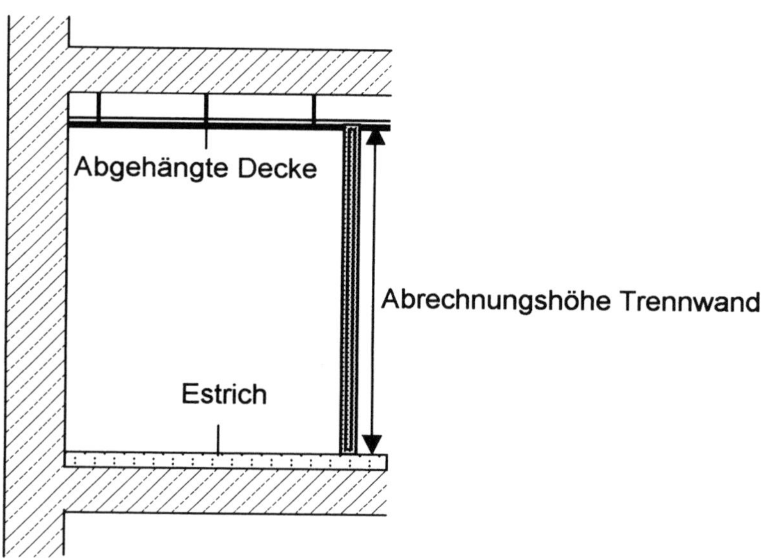

Abb. 55 Gipskartontrennwand bei abgehängter Decke (Schnitt)

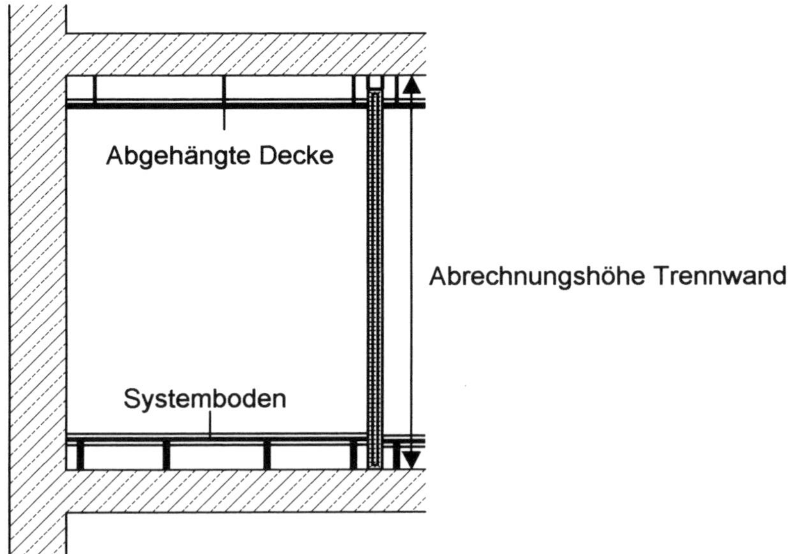

Abb. 56 Gipskartontrennwand, die Systemboden und abgehängte Decke durchdringt (Schnitt)

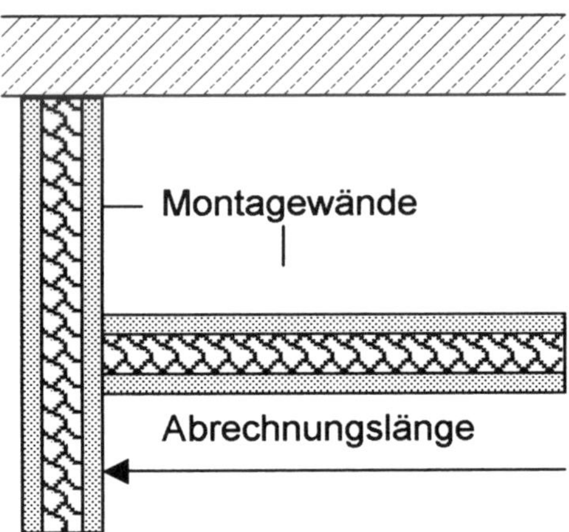

Abb. 57 Begrenzende Trennwand (Grundriss)

Bei der Ermittlung der Maße wird das jeweils größte Maß, gegebenenfalls das abgewickelte Bauteilmaß zugrunde gelegt (Abb. 58).

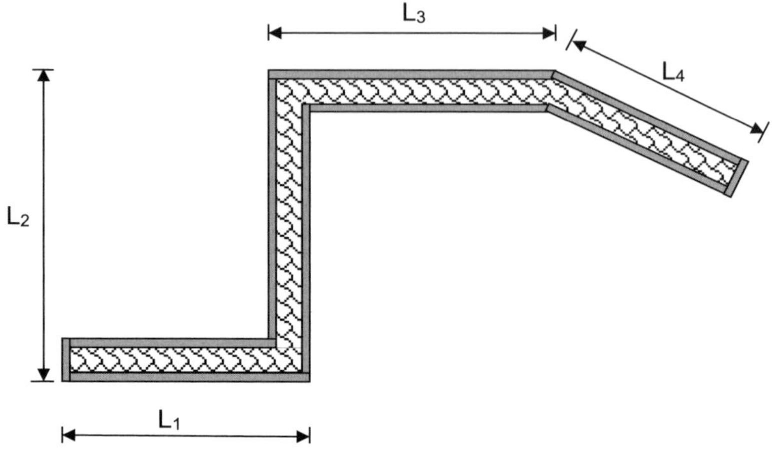

Abb. 58 Montagewand mit stumpfwinkeligem Stoß (Grundriss)
$L_{ges} = L_1 + L_2 + L_3 + L_4$

Einseitige Beplankungen an freistehenden Stützen werden durchgemessen (Abb. 59); die einseitige, vertikale Beplankung von Unterzügen, die an der Rohdecke anschließen, ebenfalls.

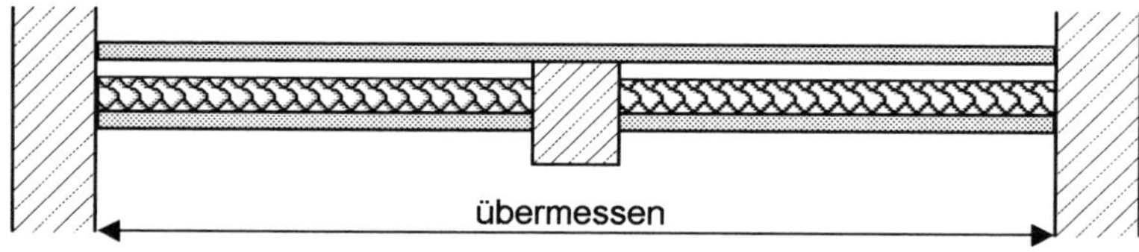

Abb. 59 Montagewand, einseitig beplankt (Grundriss)

Das Herstellen bzw. Anpassen der Aussparung für die einbindende Stütze ist immer gesondert zu berechnen (Abschnitt 4.2.13).

Gemäß Abschnitt 5.2.7 werden Flächen (über 5 m²), die sich nicht durch einfache Zerlegung als Rechtecke, Dreiecke, Trapeze, Rauten oder Kreise berechnen lassen (wie in Abb. 61), durch Aufteilung in umschriebene Rechtecke ermittelt. Die Breite der Rechtecke beträgt jeweils 1,00 m (Abb. 60). Ausdrücklich sei hier erwähnt, dass diese Regelung nur für die ATV DIN 18340 und die ATV DIN 18345 (Abschnitt 5.2.6) gilt und nicht etwa für Beschichtungsarbeiten gemäß ATV DIN 18363 (siehe Abb. 32 und Abb. 33) oder Putz- und Stuckarbeiten (ATV DIN 18350).

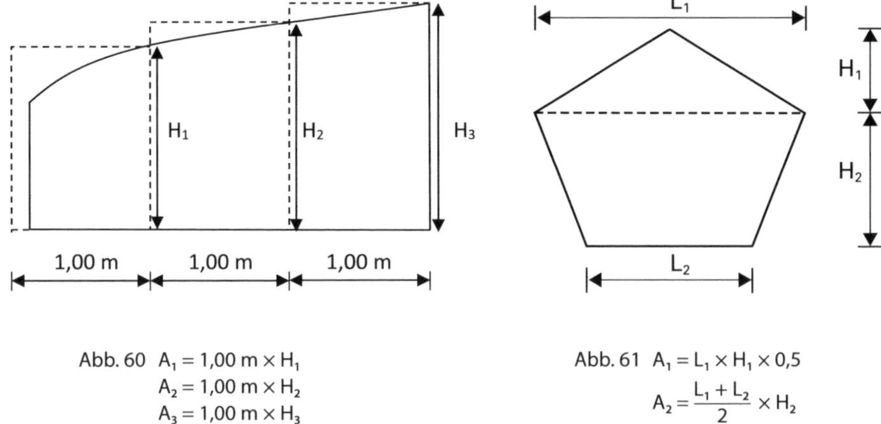

Abb. 60 $A_1 = 1{,}00\ m \times H_1$
$A_2 = 1{,}00\ m \times H_2$
$A_3 = 1{,}00\ m \times H_3$

Abb. 61 $A_1 = L_1 \times H_1 \times 0{,}5$
$A_2 = \frac{L_1 + L_2}{2} \times H_2$

Nach Abschnitt 5.4.4 sind Flächen $\leq 5\ m^2$ getrennt auszuschreiben und abzurechnen, weil für das Herstellen dieser »Kleinflächen« ein unverhältnismäßig hoher Aufwand entsteht. Abschnitt 0.5.3 sieht dafür die Abrechnung nach Anzahl (Stück) vor, getrennt nach Bauart und Größe. Diese Flächen können ohne Verbindung zu gleich gearteten Flächen sein (z. B. als einzelne Trennwand oder als Vorsatzschale) oder auch als zusammenhängende Einzelflächen innerhalb eines kleineren Raumes vorkommen.

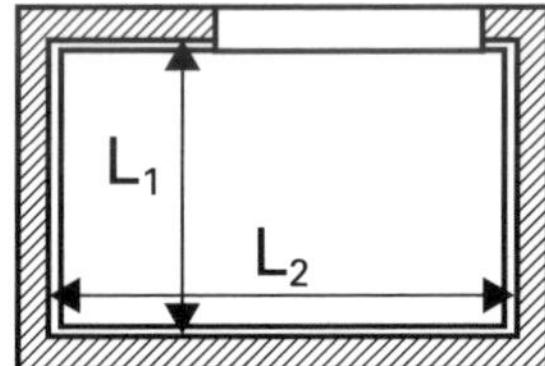

Abb. 62 Grundriss WC ($L_1 = 1{,}20$ m, $L_2 = 2{,}00$ m, Höhe 2,40 m)
Alle Wandflächen sind $< 5\ m^2$
→ Abrechnung jeder einzelnen bekleideten Wand nach Anzahl (St)

2. Aussparungen, Leibungen und Unterbrechungen

Aussparungen wie Öffnungen und Nischen werden wie in der DIN 18363 ≤ 2,5 m² Einzelgröße übermessen, größere entsprechend abgezogen. Als Öffnungen gelten ausdrücklich auch raumhohe Durchgänge. Bei der Abrechnung nach Längenmaß werden Unterbrechungen ≤ 1 m übermessen.

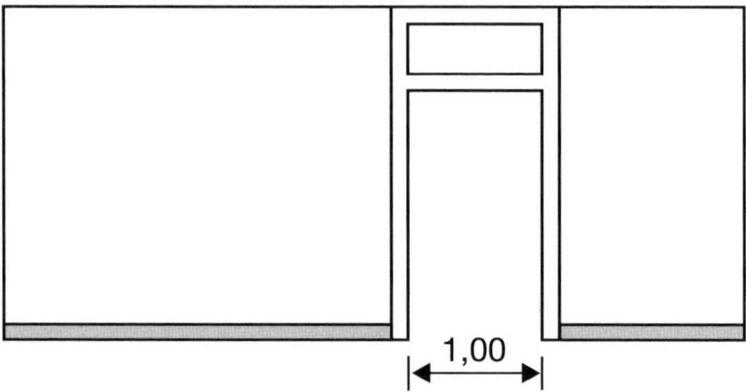

Abb. 63 Raumhoher Durchgang mit Zarge und Sockelleiste

Für die Ermittlung der Abzugsmaße sind die kleinsten Maße der Aussparung zugrunde zu legen. Für Abb. 63 bedeutet dies, dass für die Montagewand die Öffnung nach dem Einbau der Zarge, also das lichte Maß, entscheidend ist, wenn der Einbau der Zarge zum Leistungsumfang des Trockenbauers gehört. Sonst gilt das lichte Maß vor dem Einbau der Zarge.
Unmittelbar zusammenhängende, unterschiedliche Aussparungen, z. B. Fensteröffnung mit angrenzender Nische, werden nach Abschnitt 5.2.4 getrennt gerechnet. Dies gilt ebenso für gleichartige Aussparungen (z. B. Öffnungen für Fenster), die durch konstruktive Elemente wie z. B. Pfeiler, Stahlträger oder Ständerprofile getrennt sind. In *Böden* dürfen Aussparungen nur bis 0,5 m² Einzelgröße übermessen werden.

Rückflächen von bekleideten Nischen sowie ganz oder teilweise bekleidete freie Wandenden (Abb. 64) oder Wandoberseiten werden gesondert gerechnet.

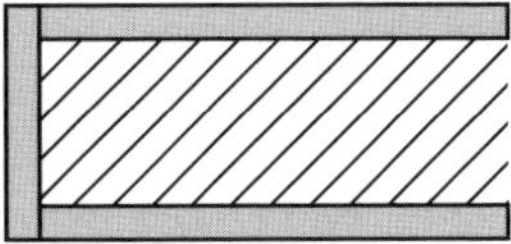

Abb. 64 Die Stirnseite eines bekleideten Wandendes wird zusätzlich nach Längenmaß gerechnet.

Der notwendige Einbau von *Profilen* ist nach Ziffer 4.2.22 immer eine Besondere Leistung, die zusätzlich im Längenmaß abgerechnet wird. Bei der Formulierung in den Vorbemerkungen eines Leistungsverzeichnisses, „dass alle erforderlichen Eck- und Kantenprofile mit den Einheitspreisen abgegolten sind", handelt es sich um eine unwirksame Vertragsklausel, sodass weiterhin ein Vergütungsanspruch besteht.

Nach Abschnitt 5.2.6 werden alle hergestellten *Leibungen* unabhängig von ihrer Einzelgröße gesondert gerechnet. Leibungsbekleidungen von Öffnungen und Nischen bis zu einer Tiefe von 1 m sind nach Längenmaß abzurechnen, tiefere nach Flächenmaß (m^2).

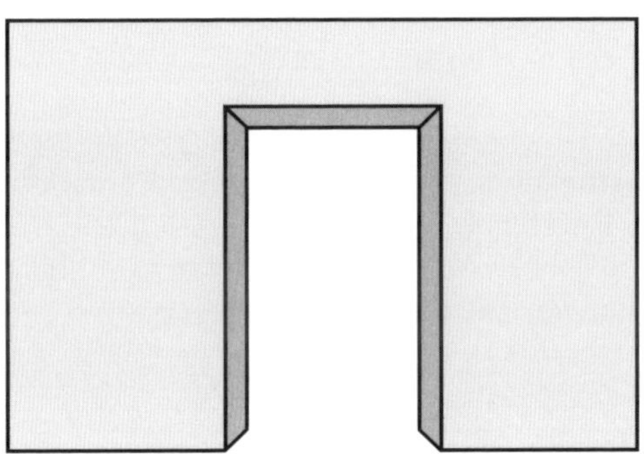

Abb. 65 Durchgang in einer Montagewand $\leq 2{,}5\ m^2$ Leibungsbekleidung zusätzlich nach Längenmaß abrechnen

Das Herstellen, Anarbeiten bzw. Anpassen und Schließen von *Aussparungen* (z.B. für Türen, Fenster, Leuchten, Einbauteile und Installationen) stellt nach Abschnitt 4.2.14 eine Besondere Leistung dar und ist stets extra zu vergüten. Gemäß Abschnitt 0.5 sind abhängig von Größe und Form der Aussparung unterschiedliche Leistungspositionen vorzusehen. Fehlen entsprechende Positionen im Leistungsverzeichnis, so hat der Auftragnehmer seinen Vergütungsanspruch beim Auftraggeber vor der Ausführung dieser Leistung anzukündigen. Ein entsprechender Zusatzauftrag ist zu vereinbaren.

Anschlüsse, Friese, Randfriese, offene Fugen, Vertiefungen, Verkofferungen und dergleichen werden *bis 30 cm Breite* übermessen (vgl. Abb. 66) und deren Herstellung mit den größten Maßen gesondert gerechnet. Weil das Herstellen von Gehrungen bei Friesen und Profilen immer einen erheblichen Mehraufwand verursacht, sind die entsprechenden Richtungswechsel gesondert auszuschreiben (Abschnitt 5.4.3 in Verbindung mit 4.2.20) und gem. Abschnitt 0.5.3 nach Anzahl (Stück) zusätzlich abzurechnen.

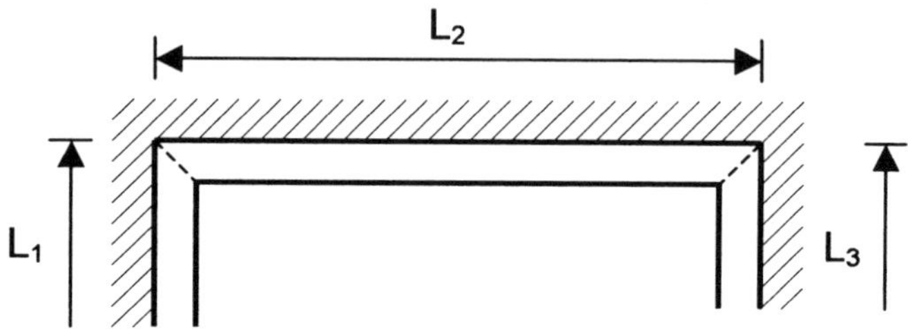

Abb. 66 Gipskartonfries
$L_{ges} = L_1 + L_2 + L_3$; zusätzlich 2 Richtungswechsel

Unterbrechungen, die die zu bearbeitende Fläche entweder horizontal oder vertikal trennen, werden *bis 30 cm* Einzelbreite immer übermessen (siehe Unterzug in Abb. 67). Als Unterbrechungen gelten nach Abschnitt 5.3.1 insbesondere Fachwerkteile, Stützen, Träger, Lichtbänder, Einbauteile und Unterzüge.

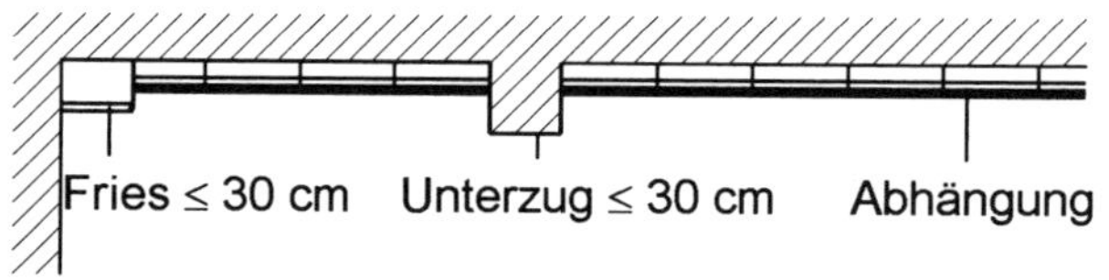

Abb. 67 Abgehängte Decke mit Fries und Unterzug
Fries und Unterzug dürfen übermessen werden (5.4.1 und 5.3.1).
Das Anarbeiten an den Unterzug (4.2.14) stellt eine Besondere Leistung dar.

Schließlich ist noch auf die Ordnungsziffer 4.1.5 in Verbindung mit 3.3.1 (Deckenbekleidungen und Unterdecken), 3.4.1 (Trennwände und Vorsatzschalen) und 3.5.1 (Trockenböden, Doppelböden und Hohlböden) hinzuweisen. Dort wird jeweils geregelt, wie viele Arbeitsgänge zur Ermöglichung der Montage von Installationen durch andere Unternehmer als Nebenleistung gelten. Erfolgt die Ausführung in mehr als den unter den genannten Ziffern beschriebenen Arbeitsgängen, handelt es sich um eine Besondere Leistung nach Abschnitt 4.2.1, die extra zu vergüten ist.

Entsprechend der ATV DIN 18363 werden auch in der ATV DIN 18340 Gerüste für Bearbeitungshöhen, die höher als 3,50 m über der Standfläche liegen, als Besondere Leistung vergütet. Liegt beispielsweise die Rohdecke, an der die Abhänger für die abgehängte Decke befestigt werden, höher als 3,50 m über der Standfläche des Gerüstes (z. B. Fußboden), so ist dieses Gerüst als Besondere Leistung extra zu vergüten.

G. Abrechnung von Wärmedämm-Verbundsystemen (DIN 18345)

1. Grundlegende Vorschriften

Die ATV DIN 18345 »Wärmedämm-Verbundsysteme« gilt für die Ausführung von Wärmedämm-Verbundsystemen und verputzten Außenwärmedämmungen einschließlich der dazugehörigen Oberflächen.
Basis der Leistungsermittlung ist immer das Maß der *fertigen Oberfläche*, also das nach Aufbringen des Oberputzes oder anderer Beläge entstandene sichtbare Außenmaß.

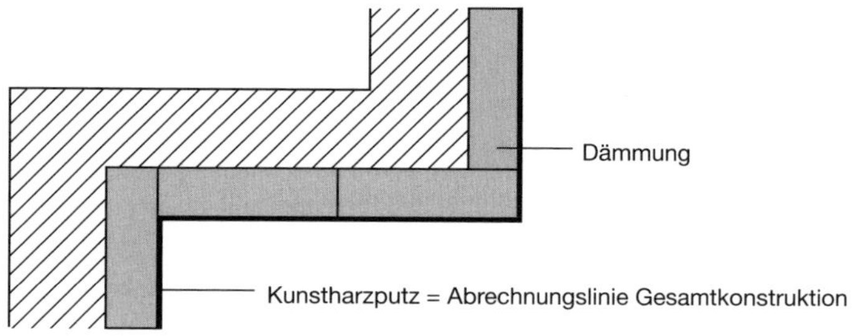

Abb. 68 Wärmedämm-Verbundsystem (Grundriss)

Die Abrechnung mit dem Maß der fertigen Oberfläche gilt nach Abschnitt 5.2.1 auch für das Vorbehandeln des Untergrundes, wie z. B. Hochdruckreinigen, das Aufbringen von Haftbrücken oder Grundierungen, sowie für Verdübelungen, Abdichtungen und Auffütterungen. Das heißt, selbst wenn die Gesamtleistung in mehrere Einzelpositionen aufgegliedert ist, ist mit dem Maß der fertigen Gesamtkonstruktion abzurechnen (Abb. 68), da sonst für jede Teilleistung unterschiedliche Aufmaße erforderlich wären.

Aussparungen, wie z. B. Öffnungen, Nischen und Brandbarrieren (als Sturzschutz oder als Seitenschutz von Öffnungen), werden bis zu einer Einzelgröße von *2,5 m²* übermessen; größere sind abzuziehen. Für Fenster und Türen ist allein das Maß der fertigen Öffnung entscheidend. Das kann im Einzelfall dazu führen, dass eine vor der Dämmung abzuziehende Öffnung nach Anbringen der Dämmung (auf der Leibung) übermessen werden darf. Als Aussparungen gelten auch Anfangs- und Schlussbrandriegel an der äußeren Kante eines WDVS, z. B. als Dachbrandriegel.
Über Eck reichende Öffnungen für Fenster sind je Wandfläche getrennt zu rechnen, wobei als Öffnungsmaß die Außenlinie der Dämmung gilt (Abb. 69).

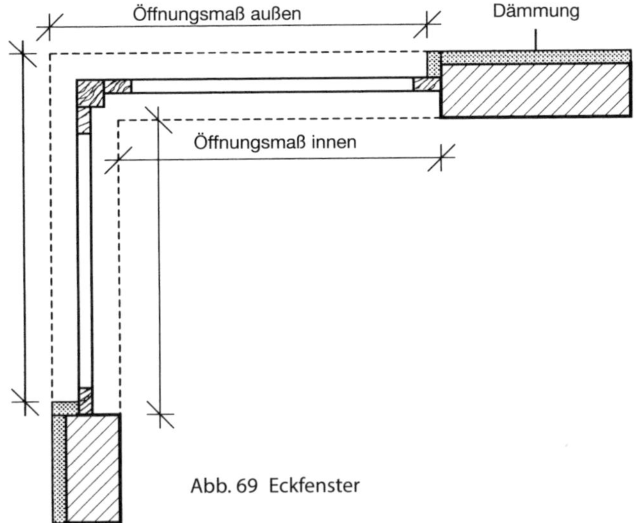

Abb. 69 Eckfenster

Bezüglich der Abrechnung von Nischen gelten die gleichen Regelungen wie in der DIN 18363. Als Nische zählt hier auch ausdrücklich eine Vertiefung in der Wand, die bei ebener Wandfläche erst durch eine geringere Dämmstoffstärke entstanden ist.

Unmittelbar zusammenhängende, verschiedenartige Aussparungen werden stets getrennt gerechnet. Wird beispielsweise die Dämmung an einen *bereits vorhandenen* Vorbau-Rollladenkasten angepasst, so ist der Vorbaurollladen als nicht behandelte Teilfläche (Aussparung) getrennt von der Fensteröffnung zu sehen (Abb. 70) und daher zu übermessen (Aussparung $< 2{,}5\ m^2$). Die Fläche der Öffnung wird entsprechend der Fensterbreite (B) × der Höhe (H) gerechnet.

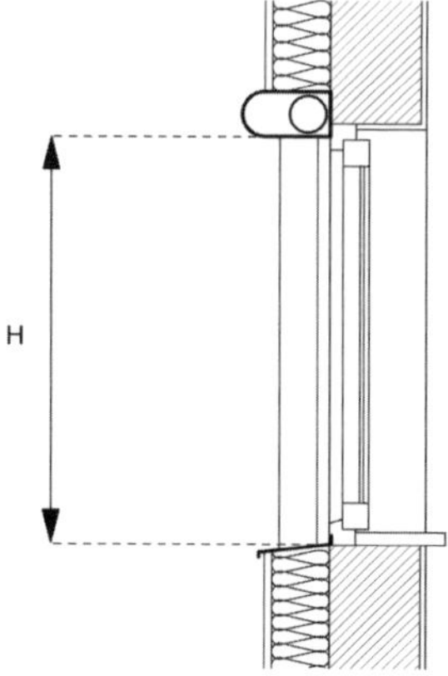

Abb. 70 Vorbaurollladen **vor** Einbau des WDVS
Öffnung = Fensterbreite B × H

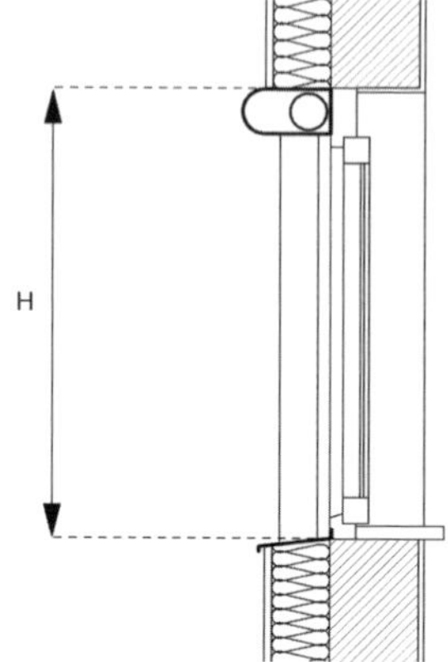

Abb. 71 Vorbaurollladen **nach** Einbau des WDVS
Öffnung = Fensterbreite B × H

Wird dagegen der Vorbaurollladen *nach* Fertigstellung des Wärmedämm-Verbundsystems auf einen verbreiterten Fensterrahmen eingebaut, ist die gesamte Fläche der Fensteröffnung inklusive des Rollladens als Aussparung zu werten (Abb. 71).
Ist ein *überputzbarer* Rollladenkasten zu dämmen, gilt das Fertigmaß der Öffnung als Aussparung.

Das Anpassen und Anschließen des Wärmedämm-Verbundsystems an angrenzende Bauteile sowie das Herstellen von Fenster- und Türumrahmungen bzw. Faschen und Putzbändern wird nach Längenmaß abgerechnet. Es gilt das größte, gegebenenfalls abgewickelte Bauteilmaß (Abb. 72). Die gesonderte Vergütung ergibt sich aus den Abschnitten 4.2.20 und 4.2.23.

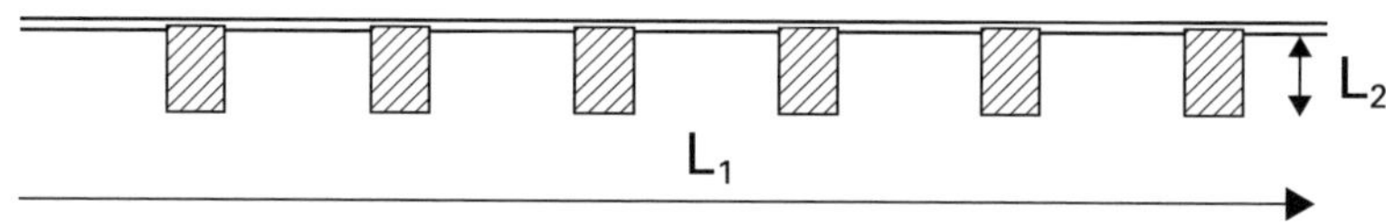

Abb. 72 Herstellen eines Anschlusses an ein Dachgesims. $L_{ges} = L_1 + (12 \times L_2)$

2. Besondere Vorschriften

Die Abrechnung nach Flächenmaß ist vorgesehen für Flächen über 2,5 m². Flächen, die sich nicht durch einfache mathematische Formeln wie Rechtecke, Dreiecke, Trapeze oder Rauten bestimmen lassen, werden durch Aufteilung in umschriebene Rechtecke mit einer jeweiligen Breite von 1 m ermittelt (vgl. Abb. 60 und 73).

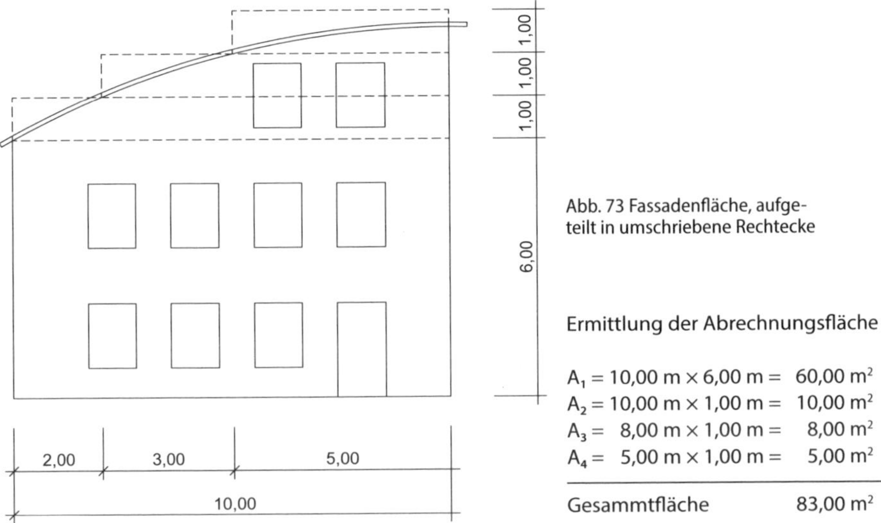

Abb. 73 Fassadenfläche, aufgeteilt in umschriebene Rechtecke

Ermittlung der Abrechnungsfläche

A_1 = 10,00 m × 6,00 m =	60,00 m²
A_2 = 10,00 m × 1,00 m =	10,00 m²
A_3 = 8,00 m × 1,00 m =	8,00 m²
A_4 = 5,00 m × 1,00 m =	5,00 m²
Gesammtfläche	83,00 m²

Einzelflächen bis zu einer Größe von 2,5 m² sollen gemäß Abschnitt 0.5.3 getrennt nach Bauart und Größe nach Anzahl (Stück) abgerechnet werden. Dies ist dann sinnvoll, wenn für diese Kleinflächen ein erheblicher Mehraufwand besteht, z.B. bei Instandsetzungsmaßnahmen oder dem nachträglichen Schließen von Aussparungen und bei Auffütterungen.

Dämmungen an Pfeilern, Lisenen, Stützen, Unterzügen, Abtreppungen und dergleichen werden bis zu einer Breite von 1 m nach Längenmaß abgerechnet. Für *Perimeterdämmungen* gilt dies bis zu einer Höhe von 1 m. Breitere bzw. höhere Dämmungen sind nach Flächenmaß (m²) zu rechnen.

Unterbrechungen des Wärmedämm-Verbundsystems durch Stützen, Unterzüge, Vorlagen, Balkonplatten, Podeste, Friese, Gesimse, Putzbänder, Brandriegel, Profile und Vertiefungen sind *bis 30 cm Einzelbreite* zu übermessen. (Abschnitt 5.3.1). Als Unterbrechungen gelten nur solche Bauteile, die eine Wand- oder Deckenfläche horizontal oder vertikal trennen (Abb. 74). Erstreckt sich beispielsweise eine Balkonplatte nicht über die gesamte Fassadenbreite, handelt es sich um eine Aussparung, die bis 2,5 m² zu übermessen ist.

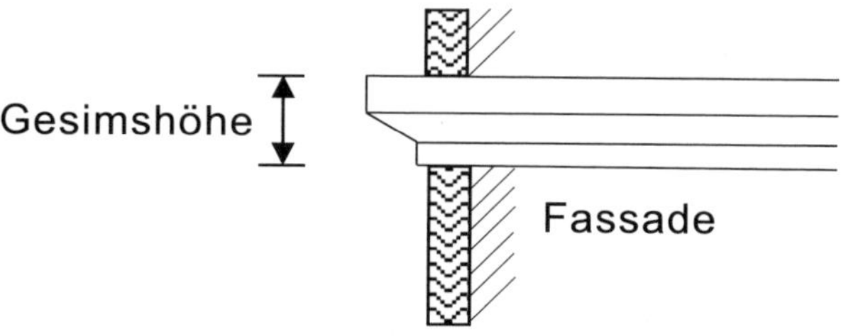

Abb. 74 Durchgehendes Gesims an einer Fassade

Bei Unterbrechungen von > *30 cm Einzelbreite*, z. B. durchgehende Gesimse und Balkonplatten, ist die Gesamtfläche am besten in mehrere Teilflächen zu zerlegen und aufzumessen.
Das Herstellen von Anschlüssen an das unterbrechende Bauteil stellt gemäß Abschnitt 4.2.20 eine *Besondere Leistung* dar.

Eine Übermessungsregel für *Umrahmungen* (z. B. Naturstein) fehlt in der ATV DIN 18345, sodass eine Umrahmung mit einer darin befindlichen Öffnung als *eine* Aussparung zu werten ist.

Auffütterungen und Ausgleichsputze sind vergütungspflichtige *Besondere Leistungen*, wenn diese zum Ausgleich von Unebenheiten, die außerhalb der Maßtoleranzen nach DIN 18202 liegen, notwendig werden (Abschnitt 4.2.15). Für die Abrechnung gilt: Auffütterungen von Flächen bis 2,5 m² sind – differenziert nach Einzelgrößen – nach Anzahl (Stück) abzurechnen, größere nach Flächenmaß (m²). Andere Maßnahmen zum Ausgleich von Unebenheiten, wie z. B. Spachtelarbeiten, sollen gemäß Abschnitt 0.5.1 nach Flächenmaß gerechnet werden.

Leibungen dürfen unabhängig von der Größe der Öffnung oder Nische stets gesondert nach Längenmaß – am besten getrennt nach Leibungstiefen – gerechnet werden.
Entstehen Leibungen bei bündig oder nach außen versetzten Fenstern und Türen erst durch die Dämmung, dann darf die Leibung ebenfalls gesondert gerechnet werden.

Der Einbau von Eckwinkeln, vorkonfektionierten Leibungsplatten, Anputzleisten und Profilen ist nach Abschnitt 4.2.25 eine Besondere Leistung. Extra zu vergüten ist auch das Ausschneiden von Dämmstoffplatten für verlegte Leitungen, der Zuschnitt an Schrägen und geformten Bauteilen (4.2.27) sowie der Aus- und Einbau von Beschlagteilen, Schaltern und Abdeckungen (4.2.35). Sind im Leistungsverzeichnis keine entsprechenden Positionen vorhanden, ist der Vergütungsanspruch dem Auftraggeber nach § 2 Abs. 6 VOB/B vor der Leistungsausführung anzukündigen. Dies sollte sicherheitshalber auch für den Fall erfolgen, dass das Leistungsverzeichnis keine gesonderte Position für Leibungen von Öffnungen und Nischen $\leq 2{,}5\ m^2$ enthält.

H. Abrechnung von Betonerhaltungsarbeiten (DIN 18349)

1. Grundlegende Vorschriften

Die ATV DIN 18349 gilt für Arbeiten zur Erhaltung und Instandsetzung sowie Verstärkung von Bauwerken und Bauteilen aus bewehrtem oder unbewehrtem Beton, Spritzbeton/-mörtel, für das Füllen von Rissen und Hohlräumen und für das Aufbringen *zugehöriger* Oberflächenschutzsysteme. Für die Abrechnung von (reinen) Oberflächenbehandlungen bei Bauten und Bauteilen ist jedoch die ATV DIN 18363 maßgebend.

Als Abrechnungseinheiten sind gemäß Abschnitt 0.5 im Leistungsverzeichnis vorzusehen:

- *Flächenmaß (m^2):* z. B. für Decken und Wände und örtlich begrenzte Ausbrüche > 1 m^2 Einzelgröße getrennt nach mittleren Bearbeitungstiefen;
- *Längenmaß (m):* z. B. für örtlich begrenzte Ausbrüche mit einer Breite ≤ 0,1 m und einer Länge > 1 m getrennt nach mittleren Bearbeitungstiefen oder für das Vorbereiten und den Korrosionsschutz von Betonstahl > 1 m Länge;
- *Anzahl (St):* z. B. für örtlich begrenzte Ausbrüche ≤ 0,1 m Breite und einer Länge ≤ 1 m getrennt nach Durchmesser ≤ 16 mm und > 16 mm oder für Ausbrüche mit einer Breite > 0,1 m und einer Fläche ≤ 1 m^2 getrennt nach der größten Tiefe und nach Einzelflächengrößen;
- *Masse (kg, t):* z. B. für Füllstoffe oder das Liefern, Schneiden, Biegen und Verlegen von Bewehrungen.

Der Abrechnung sind – gleichgültig, ob sie nach Zeichnung oder Aufmaß erfolgt – die Maße der behandelten Flächen zugrunde zu legen.

Bei der Abrechnung von beliebig geformten Einzelflächen ist gemäß Abschnitt 5.2.1 immer mit dem *kleinsten umschriebenen Rechteck* abzurechnen, sofern es sich nicht um Kreise, Dreiecke, Trapeze und Rauten handelt. Dies ist insbesondere bei der Instandsetzung von örtlich begrenzten Teilflächen von Bedeutung.

Für Flächen ≥ 1 m^2 gelten für den Abtrag oder das Vorbereiten des Betonuntergrundes die Maße der behandelten Flächen und für das Auftragen des Betonersatzes und das Aufbringen des Oberflächenschutzes die Maße der fertiggestellten Flächen (Abb. 75).

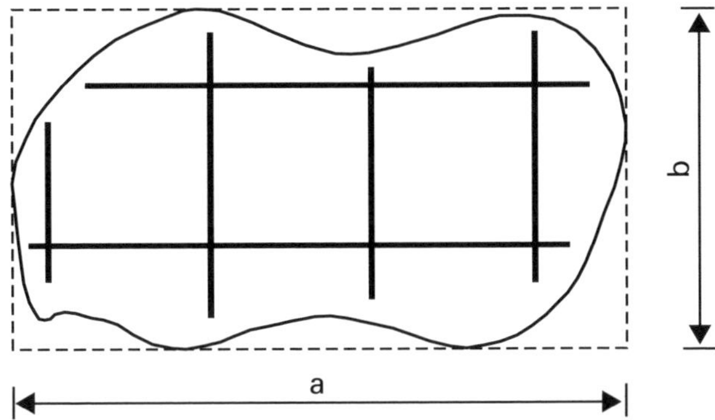

Abb. 75 Abrechnung nach Flächenmaß mit dem kleinsten umschriebenen Rechteck $A = a \times b$

Nach Abschnitt 0.5.1 sollen verschiedene Kategorien hinsichtlich der Bearbeitungstiefe gebildet werden, beispielsweise:

bis 1 cm Tiefe,
von 1 bis 3 cm Tiefe,
über 3 cm Tiefe.

Bei Flächen mit ungleichmäßiger Dicke von Ausbrüchen und Schichten ist die *mittlere* Bearbeitungstiefe zugrunde zu legen (Abb. 76); bei Flächen $\leq 1\ m^2$ sowie bei längenorientierten Ausbrüchen und Schichten ≤ 1 m die *größte* Bearbeitungstiefe (vgl. Abschnitt 5.2.6).

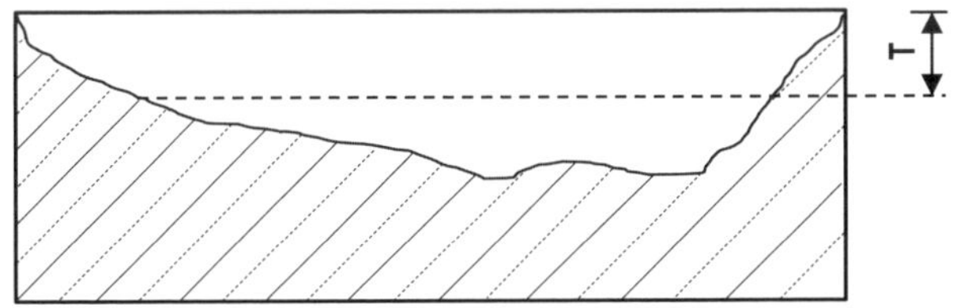

Abb. 76 Abrechnung nach Flächenmaß ($> 1\ m^2$). Für die Zuordnung in die entsprechende Tiefenkategorie ist die mittlere Tiefe (T) maßgebend.

Bei längenorientierten Ausbrüchen und Schichten ≤ 1 m wird entsprechend Abschnitt 5.2.4 bei Freilegen von Bewehrungsstahl, Ausbrüchen sowie Wiederherstellen der Oberfläche nach den größten Maßen gerechnet (Abb. 77).

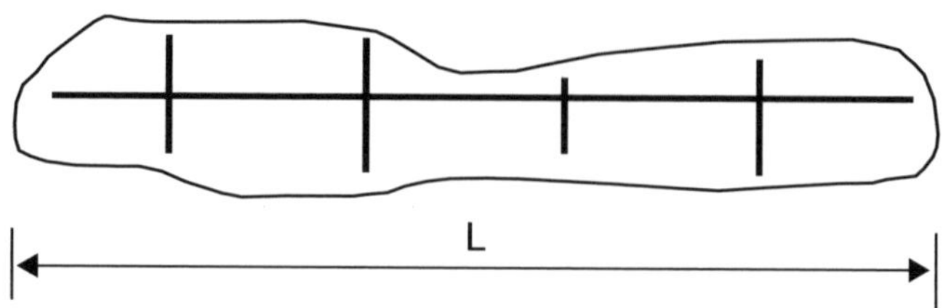

Abb. 77 Ausbruchstelle mit freigelegtem Bewehrungsstahl
Abrechnung nach der größten Länge (L ≤ 1m)

Nach Abschnitt 0.5 sollen Über- und Unterzüge, Stützen, Vorlagen, Fenster- und Türstürze mit mehr als 1,6 m Abwicklung nach Flächenmaß abgerechnet werden (Abb. 78). Entsprechend ist für diese Bauteile bis 1,6 m Abwicklung das Längenmaß vorzusehen.

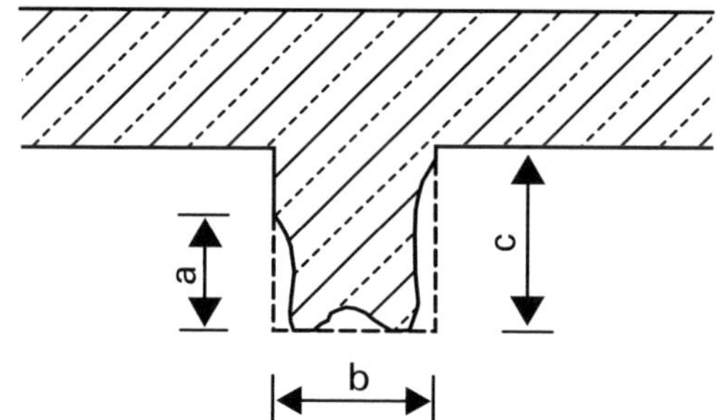

Abb. 78 Unterzug (Abrechnung nach Flächenmaß)
A = (a + b + c) × Länge

Abschnitt 0.5.3 (Anzahl) sieht für die Abrechnung örtlich begrenzter Fehlstellen (z. B. Ausbrüche) mit einer Breite ≤ 0,1 m eine Trennung in Längen ≤ 0,5 m und > 0,5 m bis ≤ 1 m vor. Für das Freilegen von „flächigen" Ausbrüchen mit einer Breite > 0,1 m und einer Fläche ≤ 1 m^2 sind wie bisher für die einzelnen Flächen unterschiedliche Kategorien zu bilden (Abschnitt 0.5.3; 8. Spiegelstrich):

≤ 0,01 m^2,
> 0,01 m^2 ≤ 0,05 m^2,
> 0,05 m^2 ≤ 0,10 m^2,
> 0,10 m^2 ≤ 0,25 m^2,
> 0,25 m^2 ≤ 0,50 m^2
> 0,50 m^2 ≤ 0,75 m^2
> 0,75 m^2 ≤ 1,00 m^2.

Dabei muss die Größe der Einzelfläche (A = a x b) getrennt nach der jeweils *größten* Tiefe (vgl. Abschnitt 5.2.6, Satz 2) ermittelt werden, um sie dann einer Abrechnungskategorie zuzuordnen. Die Abbildungen 79 und 80 zeigen beispielhaft die beiden ersten Flächen-Kategorien nach Abschnitt 0.5.3.

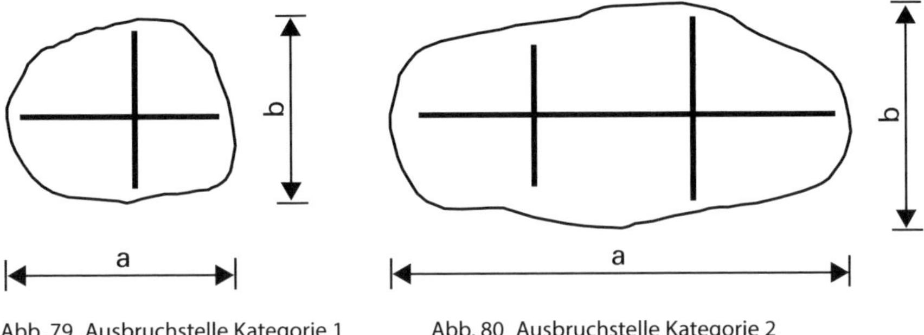

Abb. 79 Ausbruchstelle Kategorie 1
$A \leq 0{,}01\ m^2$

Abb. 80 Ausbruchstelle Kategorie 2
$0{,}01\ m^2 > A \leq 0{,}05\ m^2$

Die Vorbehandlung und der Korrosionsschutz des Bewehrungsstahls sind stets gesondert zu vergüten (Abschnitt 5.2.15). Das erfordert besondere Positionen im Leistungsverzeichnis entweder nach Längenmaß oder nach Anzahl (vgl. Abschnitt 0.5.2 und 0.5.3). Zu unterscheiden ist dabei jeweils zwischen Bewehrungsstahl mit einem Durchmesser von ≤ 16 mm und von > 16 mm.
Das Liefern, Schneiden, Biegen und Einbauen von neuem Bewehrungsstahl wird nach Abschnitt 5.2.16 ebenfalls gesondert gerechnet. Maßgebend ist die errechnete Masse. Bei genormten Stählen gelten die Angaben in den DIN-Normen, bei anderen Stählen die Angaben im Profilbuch des Herstellers.
Bindedraht, Walztoleranzen und Verschnitt bleiben bei der Ermittlung der Abrechnungsmassen unberücksichtigt (5.2.17).

Bei der Abrechnung der *Schalung* nach Flächenmaß wird mit dem kleinsten umschriebenen Rechteck gerechnet (Abschnitt 5.2.13).

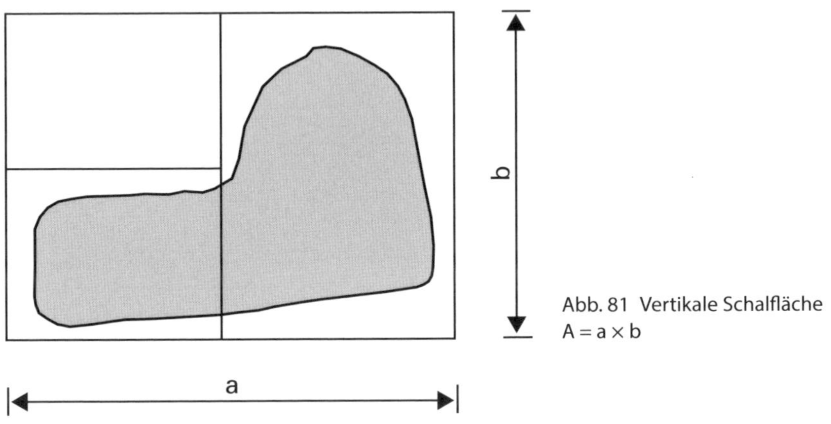

Abb. 81 Vertikale Schalfläche
$A = a \times b$

2. Reprofilierungen von Kanten, Aussparungen, Unterbrechungen und Leibungen

Die *Reprofilierung von Kanten* an Stützen, Unterzügen, Kragplatten, Leibungen und dergleichen ist mit erheblichem Aufwand verbunden. Deshalb darf die Instandsetzung von Kanten, Tropfkanten und Nuten gemäß Abschnitt 4.2.19 in Verbindung mit Abschnitt 5.2.12 gesondert gerechnet werden. So kann zusätzlich zur Abrechnung der Ausbruchstelle an einem Unterzug (Abb. 82) die Länge der profilierten Kante abgerechnet werden. Ist die Länge der Kante > 1 m ist als Abrechnungseinheit das Längenmaß (m) vorgesehen, sonst die Anzahl (St).

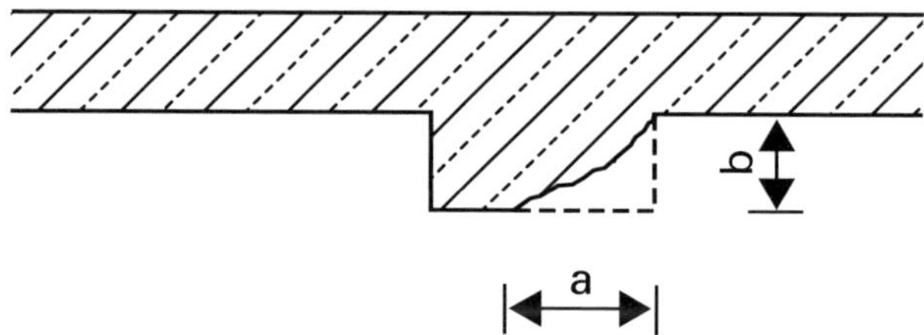

Abb. 82 Unterzug mit profilierter Kante

Aussparungen, z. B. für Fenster und Türen, werden bei der Abrechnung nach Flächenmaß bis 2,5 m² *Einzelgröße* immer *übermessen* und größere entsprechend abgezogen. Sind im Zuge der Arbeiten auch die Kanten der Leibungen von Öffnungen und Nischen zu reprofilieren, handelt es sich um eine Besondere Leistung, die gesondert zu vergüten ist.

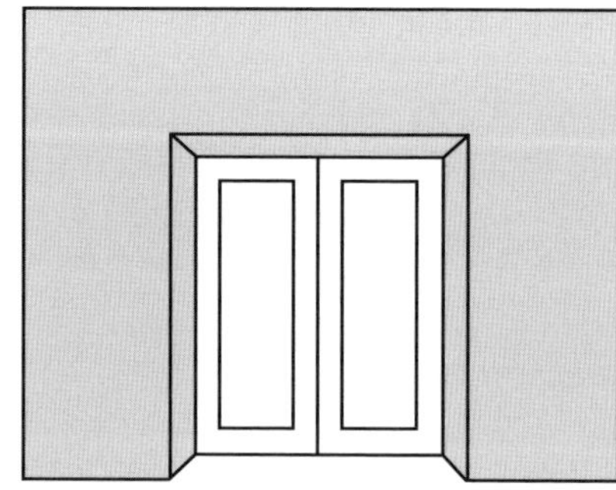

Abb. 83 Öffnung > 2,5 m² abziehen, zusätzliche Abrechnung der Kantenreprofilierung

Bei der Abrechnung nach Flächenmaß werden *Unterbrechungen bis 30 cm Breite übermessen*. Als Unterbrechungen gelten zum Beispiel Stützen, sowie nicht mitzubehandelnde Gesimse, Lisenen, Unterzüge und Vorlagen.

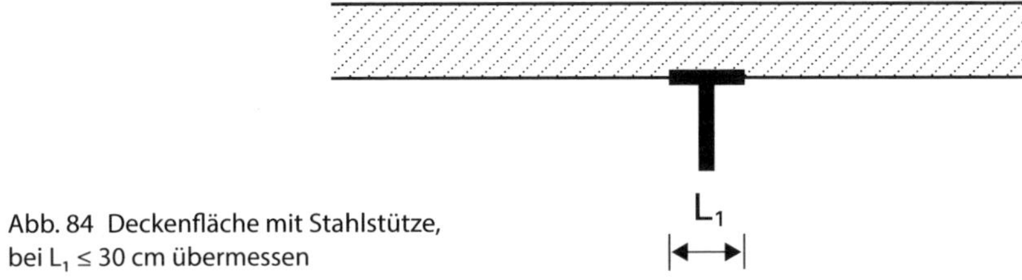

Abb. 84 Deckenfläche mit Stahlstütze, bei $L_1 \leq 30$ cm übermessen

Für die Instandhaltung von *Leibungen* sieht der Abschnitt 0.5.2 die Abrechnung im Längenmaß vor, ebenso für das Herstellen und Abdichten von Fugen. Fugenbänder und Fugenprofile werden immer in der größten Länge gemessen (5.2.18). Bei der Abrechnung nach Längenmaß werden alle Unterbrechungen mit einer Einzellänge ≤ 1 m übermessen.

I. Abrechnung von Putz- und Stuckarbeiten (DIN 18350)

Die ATV DIN 18350 gilt für das Herstellen von Putz, Stuck und Wärmedämmputz. Grundsätzlich wird bei der Abrechnung von Putz- und Stuckarbeiten nach DIN 18350 nicht zwischen der Leistungsermittlung nach *Zeichnung* und der Leistungsermittlung nach *Aufmaß* unterschieden. Eine Differenzierung erfolgt jedoch zwischen *Innenarbeiten* und *Arbeiten an Fassaden.*
Um die Einheitlichkeit der Abrechnung zu gewährleisten, sind alle mit dem Gewerk unmittelbar verbundenen Arbeiten entsprechend den nachfolgenden Bestimmungen abzurechnen. Dazu zählen beispielsweise das Hochdruckreinigen des Putzgrundes, das Auftragen von Haftbrücken oder Grundierungen, aber auch das Entfernen des Altputzes.

1. Innenarbeiten

Bei *Innenarbeiten* wird unterschieden zwischen Flächen *ohne* begrenzende Bauteile und Flächen *mit* begrenzenden Bauteilen.
Auf Flächen **ohne** begrenzende Bauteile gelten die Maße der zu behandelnden, zu dämmenden, zu bekleidenden bzw. mit Stuck zu versehenden Flächen.

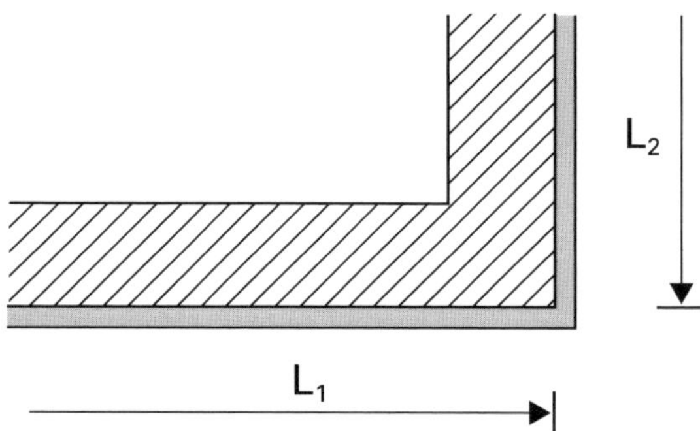

Abb. 85 Putz (innen) auf Flächen ohne begrenzende Bauteile

Auf Flächen **mit** begrenzenden Bauteilen gelten die Maße der zu behandelnden Flächen bis zu den sie begrenzenden, ungeputzten, ungedämmten bzw. nicht bekleideten Bauteilen (Abb. 86 und Abb. 87).
Als begrenzende Bauteile gelten bei *Innenflächen* Rohwände, Rohdecken, Stützen, Unterzüge, tragende Hölzer und Stahlträger (Abb. 86 bis 88). Demnach handelt es sich bei abgehängten Decken, aufgeständerten Fußbodenkonstruktionen, Estri-

chen, Verkofferungen und Einbauschränken um *keine* Begrenzungen im Sinne von Abschnitt 5.2.1.

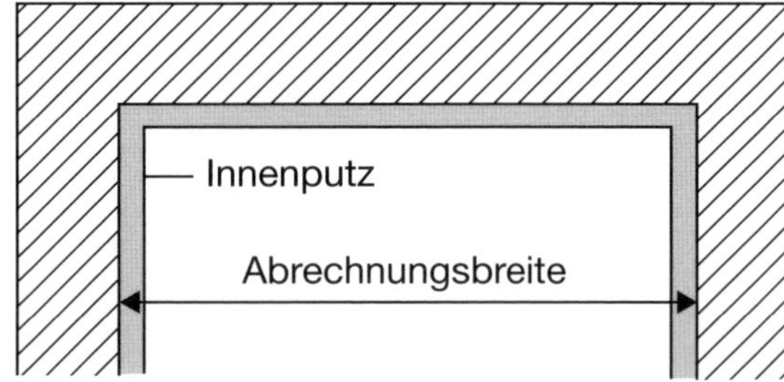

Abb. 86 Putz auf Flächen mit begrenzenden Bauteilen (Grundriss)

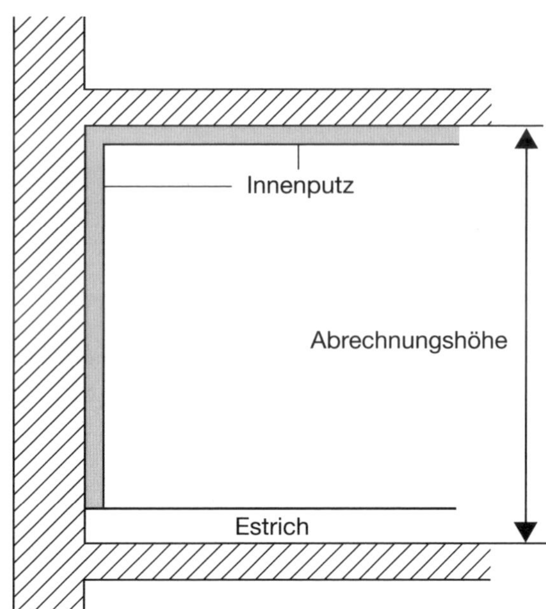

Abb. 87 Putz auf Flächen mit begrenzenden Bauteilen (Schnitt)

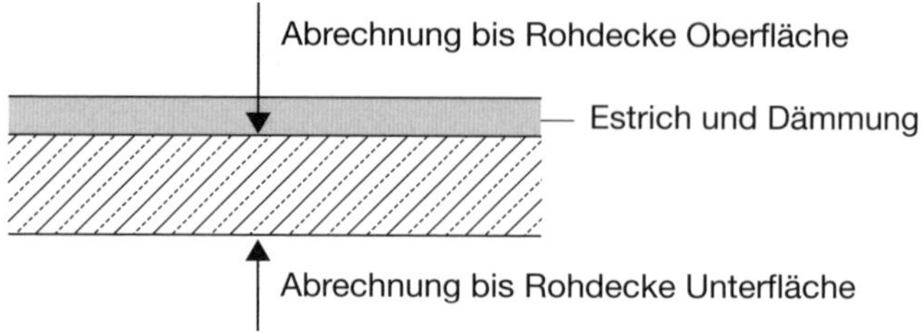

Abb. 88 Stahlbetondecke

Nicht geputzte Flächen über *abgehängten Decken* und unter *Doppelböden* sind Aussparungen und dürfen deshalb bis 2,5 m² je Wandfläche übermessen werden. Die Größe der Aussparung je Wandfläche ist daher abhängig von der Länge der Wand und der Höhe der Aussparung (Abb. 89).

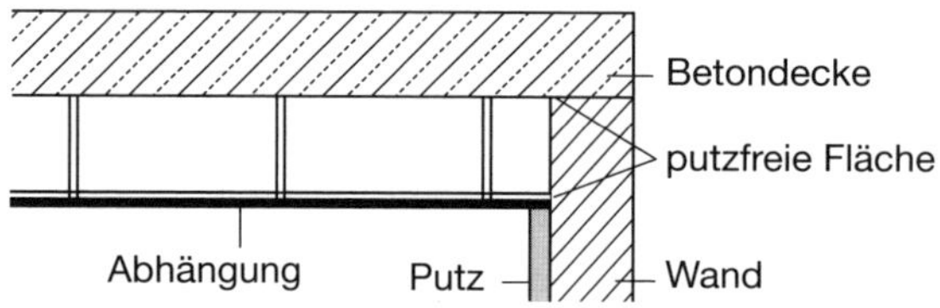

Abb. 89 Wandfläche mit abgehängter Decke

Werden jedoch in der Leistungsbeschreibung Angaben zur Putzhöhe bei abgehängten Decken gemacht, kann die nicht geputzte Wandfläche auch nicht als Aussparung behandelt werden.

Nach Abschnitt 0.5.3 besteht die Möglichkeit, das Verputzen von *Flächen bis 2,5 m²* getrennt nach Anzahl abzurechen. Dies ist insbesondere sinnvoll bei Sanierungen im Altbau und bei An- und Beiputzarbeiten. Für eine ordnungsgemäße Preisbildung sind abgestufte Flächenkategorien zu bilden, z.B. bis 0,02 m² für Steckdosen, über 0,02 m² bis 0,1 m², usw. (vgl. Abschnitt 0.5.3).

Grundsätzlich gilt nach Abschnitt 5.2.6 bei der Abrechnung nach Flächenmaß, dass bei beliebig geformten Einzelflächen das kleinste umschriebene Rechteck zugrunde zu legen ist (vgl. Abb. 32 und 33). Ausgenommen sind Kreise und Flächen, die in Dreiecke, Trapeze und Rauten aufgeteilt werden können (vgl. Abb. 61).

2. Aussparungen, Unterbrechungen und Leibungen

Aussparungen, z. B. *Öffnungen und Nischen* in Decken und Wänden, werden wie in der DIN 18363 *bis 2,5 m²* Einzelgröße *übermessen*, größere entsprechend abgezogen. Als Aussparungen in Decken gelten auch solche Flächen, die durch Vorlagen, Stützen und Kamine unbehandelt bleiben. Raumhohe Durchgänge zählen je Raum als Öffnung (Abb. 90). Unmittelbar zusammenhängende verschiedenartige Aussparungen werden nach Abschnitt 5.2.4 getrennt gerechnet (vgl. Abb. 8).

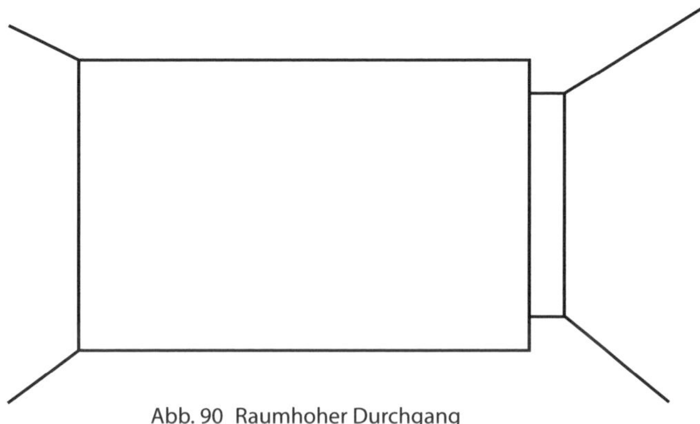

Abb. 90 Raumhoher Durchgang

Nischen bis zu einer Einzelgröße von 2,5 m² werden übermessen, größere sind abzuziehen. Rückflächen von bearbeiteten Nischen sind jedoch unabhängig von ihrer Größe nach Abschnitt 5.2.3 zusätzlich zu rechnen. (Zur Abrechnung von Nischen vgl. die Ausführungen zur DIN 18363, S. 20 ff.)
Nicht als Nischen im Sinne der VOB gelten durch Vormauerungen entstandene rückwärtige Wandteile. Bleibt die Vormauerung unbehandelt, gilt sie als Aussparung und wird bis 2,5 m² übermessen. Häufig wird jedoch die Vormauerung mitbehandelt, sodass seitliche Flächen und die obere Fläche zusätzlich im Längenmaß abgerechnet werden dürfen.

Behandelte *Leibungen* von Aussparungen (z. B. Öffnungen und Nischen) werden wie in der DIN 18363 unabhängig von deren Maße bis 1 m Breite gesondert im Längenmaß gerechnet. Im Hinblick auf eine zuverlässige Preisberechnung empfiehlt es sich, je nach Leibungstiefen verschiedene Positionen im Leistungsverzeichnis vorzusehen. Leibungen über 1 m Breite sind nach Flächenmaß abzurechnen.
Eine Leibung ist durch die Tiefe der Wand begrenzt. Die Leibungsfläche muss grundsätzlich innerhalb der jeweilige Wandstärke liegen. Als Wandstärke ist die räumliche Begrenzung der Leibung nach innen und außen zu verstehen; sie darf

nicht mit der tatsächlichen »Mauerstärke« (z. B. 30 cm) verwechselt werden. Schräg verlaufende Leibungen können daher unter Umständen auch tiefer sein als die tatsächliche »Mauerstärke« (Abb. 91).

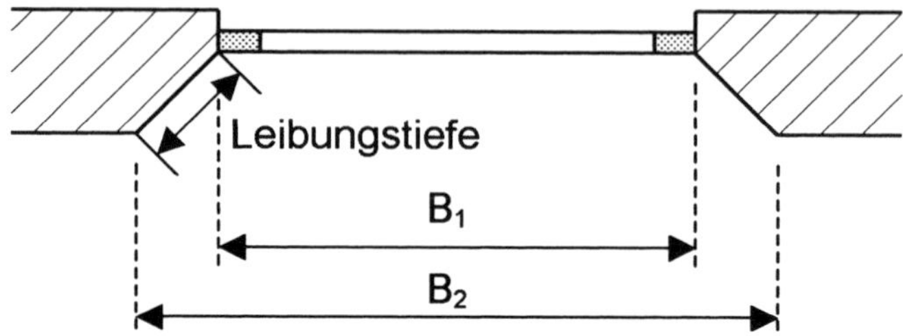

Abb. 91 Innenwandputz mit schräger Leibung (Grundriss)

Da nach Abschnitt 5.3.1 für die Übermessung die kleinsten Maße der Aussparung gelten, ist für die Fensteröffnung die Breite B_1 maßgebend und nicht B_2 (Abb. 91).

Ragt die Leibungsfläche über die Wandstärke hinaus, handelt es sich um eine sogenannte Scheinleibung; sie wird als Wandfläche gerechnet (Abb. 92).

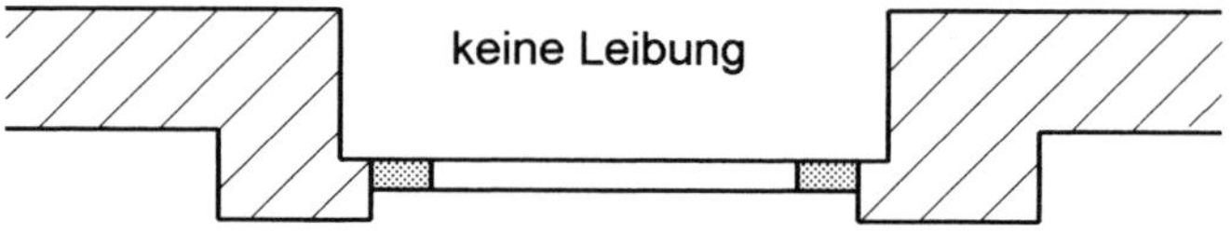

Abb. 92 Innenwandputz bei einem Erker (Grundriss)

Unterbrechungen in der zu bearbeitenden Fläche, z. B. durch Stützen, Unterzüge, Balkonplatten, Podeste, Gesimse, Gurte und Putzbänder, werden *bis 30 cm* Einzelbreite übermessen.

Bei Unterbrechungen, die direkt an eine Aussparung angrenzen (z. B. Fachwerkbalken grenzt direkt an eine Türöffnung), wird jedes Bauteil getrennt gerechnet.

3. Fassadenarbeiten

Bei *Fassadenarbeiten* gilt analog zur DIN 18363 das Maß der fertig hergestellten (geputzten) Fläche.

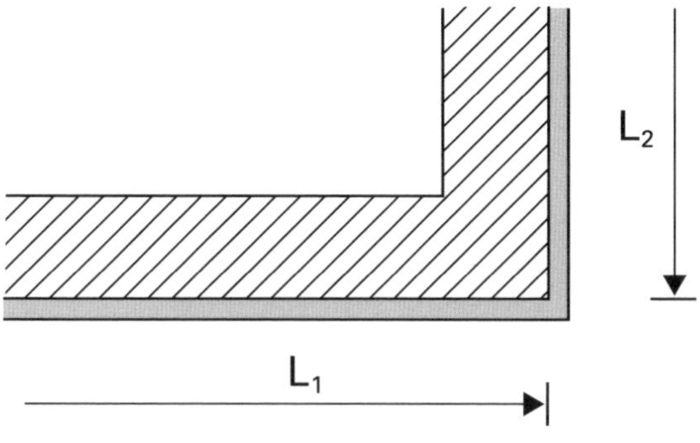

Abb. 93 Außenwand mit Putz

Unterbrechungen der Fassadenfläche dürfen *bis 30 cm* Einzelbreite übermessen werden. So ist für umlaufende Gesimse aus Naturstein nicht die Fläche der Aussparung maßgebend, sondern allein die Bauteilbreite beziehungsweise Bauteilhöhe.

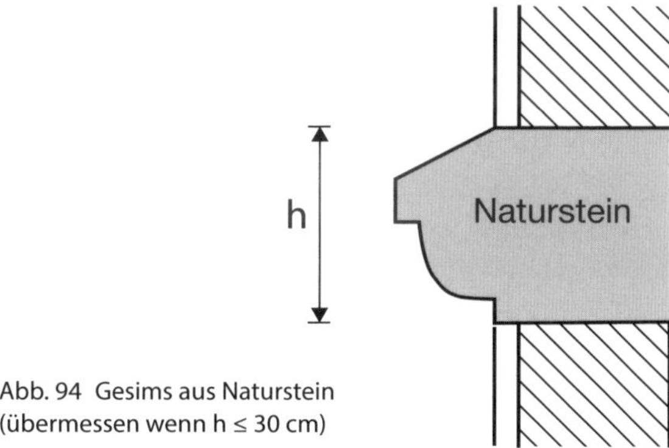

Abb. 94 Gesims aus Naturstein (übermessen wenn h ≤ 30 cm)

Öffnungen mit *geputzter* Umrahmung und Faschen sind Bestandteil der Putzfassade und werden deshalb übermessen. Umrahmungen aus *Naturstein* oder anderen Materialien werden durch die Maße der Umrahmung bestimmt. Die Umrahmung und die Öffnung werden als gesamte Aussparung gerechnet und deshalb bis zu einer Einzelgröße von 2,5 m^2 übermessen. Die Einzelgröße bestimmt sich hier also nach der Fläche der Öffnung zuzüglich der Fläche der Umrahmung. Bei nicht vollständig umschließenden „Umrahmungen" werden Öffnung und Rahmen getrennt gerechnet.

4. Längenmaß

Bei der Ermittlung der Maße wird gemäß Abschnitt 5.2.2 das jeweils größte, gegebenenfalls abgewickelte Bauteilmaß zugrunde gelegt. Dies gilt insbesondere für Wandanschlüsse, umlaufende Friese, Faschen (vgl. Abb. 48), Kehlen, Gesimse und Leibungen, die im *Längenmaß* zu rechnen sind.

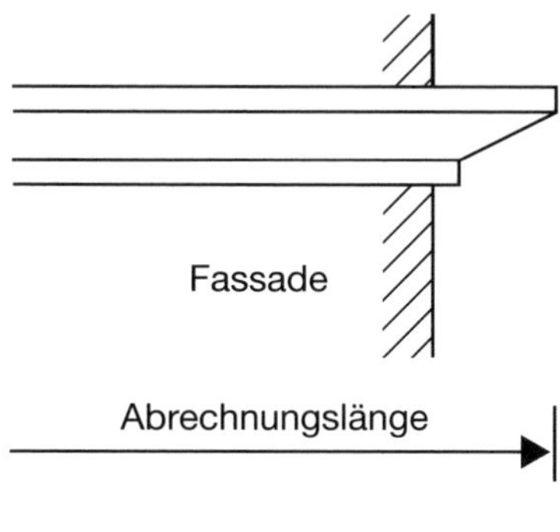

Abb. 95 Gesims

Bei der Abrechnung nach Längenmaß werden *Unterbrechungen bis 1 m Einzellänge* übermessen. Dies ist z. B. bei Putzprofilen anzuwenden, die durch Fenster- oder Türöffnungen unterbrochen werden.

Die Ausbildung von Umrahmungen und Faschen ist ebenso wie das Herstellen von Gurten, Kehlen und Gesimsen eine Besondere Leistung nach Abschnitt 4.2.33 und deshalb nach Längenmaß zusätzlich zu rechnen und zu vergüten. Dies gilt sowohl bei Außen- als auch bei Innenputzarbeiten. Ebenfalls nach Längenmaß ist der Einbau von Profilen wie beispielsweise Anputzleisten, Sockelprofilen und An- und Abschlussprofilen abzurechnen. Gemäß Abschnitt 4.2.19 ist deren Einbau eine Besondere Leistung und daher vom Auftraggeber gesondert zu vergüten. Dies gilt auch für die Ausbildung von Kanten ohne Profile. Auch das Herstellen von Anschlüssen an angrenzende Bauteile (z. B. Dächer) und das Anpassen und Anarbeiten der Putzfläche an angrenzende Bauteile ist nach Abschnitt 4.2.18 eine Besondere Leistung und deshalb nach Längenmaß zusätzlich abzurechnen.
Grundsätzlich ist darauf hinzuweisen, dass bei allen Besonderen Leistungen, für die im Leistungsverzeichnis keine besondere Vergütung vorgesehen ist, diese nach § 2 Abs. 6 VOB/B vor Ausführungsbeginn beim Auftraggeber anzukündigen sind.

Übung

(Lösung im Anhang S. 124)

Ermitteln Sie für folgendes Objekt die entsprechenden Abrechnungsmaße:

Position 1 Fassadenfläche (Kratzputz)
Position 2 Sockelfläche (Reibeputz)
Position 3 Leibungen (seitlich und oben)

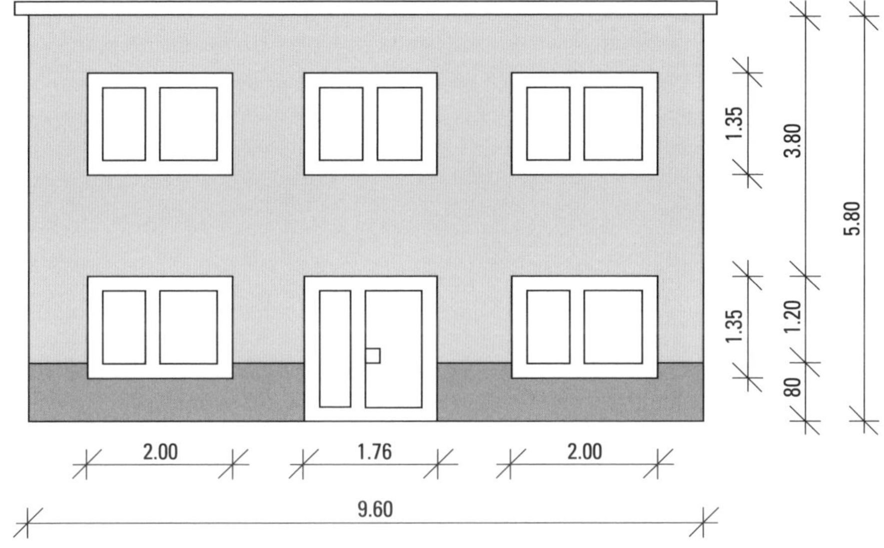

Abb. 96 Fassadenfläche

J. Abrechnung von Korrosionsschutzarbeiten an Stahlbauten (DIN 18364)

Die ATV DIN 18364 gilt insbesondere für Beschichtungsarbeiten zum Zwecke des Korrosionsschutzes von Bauteilen aus Stahl und von Stahlkonstruktionen, die einer statischen Berechnung oder Zulassung bedürfen, und des Korrosionsschutzes in Verbindung mit dem baulichen Brandschutz.

Der Abrechnung sind – gleichgültig, ob sie nach Zeichnung oder Aufmaß erfolgt – die Maße der behandelten Flächen zugrunde zu legen. Damit sind die tatsächlich beschichteten Maße gemeint. Für genormte Profile gelten die Angaben in den DIN-Normen, bei anderen Profilen die Angaben im Profilbuch des Herstellers.

Als Abrechnungseinheiten sind im Leistungsverzeichnis vorzusehen:

- Flächenmaß (m^2)
- Längenmaß (m)
- Anzahl (St)
- Masse (kg, t)

1. Flächenmaß

Nach *Flächenmaß* sind insbesondere abzurechnen:

- Vollwandkonstruktionen und Fachwerkkonstruktionen aus Profilen mit einem Umfang von > 1 m
- Fenster, Türen, Tore und dergleichen
- Rohre mit einem Umfang von > 1 m
- Behälter, Spundwände und profilierte Bleche
- Geländer, Abdeckbleche, Gitterroste und dergleichen

Beispiel zur Abrechnung von I-Trägern (DIN EN 10034) nach Flächenmaß

20 m I-Träger PE 100 →	20 m × 0,400 m^2/m	=	8,00 m^2
10 m I-Träger PE 200 →	10 m × 0,768 m^2/m	=	7,68 m^2
10 m I-Träger HE B 200 (PB) →	10 m × 1,150 m^2/m	=	11,50 m^2
Beschichtungsfläche			27,18 m^2

Bei der Leistungsermittlung nach Flächenmaß werden alle *Aussparungen*, die z. B. durch Überdeckungen und Durchdringungen entstehen, *bis 0,5 m²* Einzelgröße übermessen.

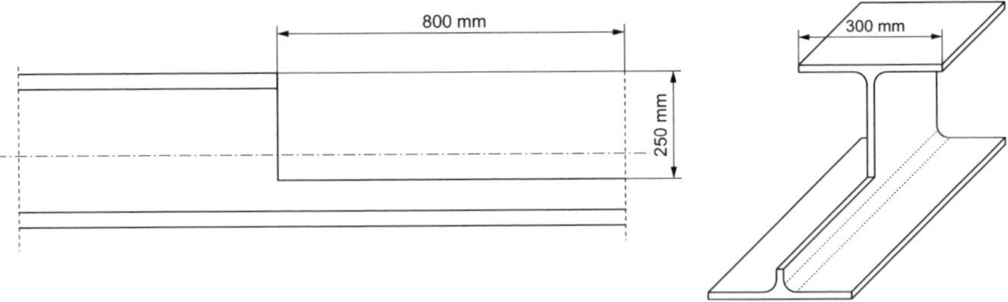

Abb. 97a Aussparung I-Träger

Abb. 97b Aussparung I-Träger

Die Ermittlung der abzuziehenden Aussparung für oben abgebildeten I-Träger ergibt sich wie folgt:

a) 2 Seiten × 0,80 m × 0,25 m	=	0,40 m^2
b) 2 Seiten × 0,30 m × 0,80 m	=	0,48 m^2
Aussparungsfläche insgesamt		0,88 m^2

Alle *Unterbrechungen* in der zu behandelnden Fläche durch andere Bauteile werden bis 30 cm Einzelbreite grundsätzlich übermessen. Als Bauteile gelten insbesondere Stützen, Unterzüge, Vorlagen, Podeste und Vertiefungen.

Flächen, die sich nicht durch Aufteilung in einfache geometrische Formen wie Rechtecke, Dreiecke, Trapeze oder Rauten ermitteln lassen, sind mit dem kleinsten umschriebenen Rechteck zu rechnen (Abschnitt 5.2.5).

2. Längenmaß und Anzahl

Nach *Längenmaß* sind insbesondere abzurechnen:

- Profile und Teilflächen von Profilen mit einem Umfang ≤ 1 m
- Rohre mit einem Umfang ≤ 1 m
- Geländer
- nachträglich auf der Baustelle hergestellte Schweißnähte
- zusätzliche Beschichtung, z. B. von Kanten und Schweißnähten.

Längen werden grundsätzlich mit den jeweils größten Maßen ermittelt. Rohre werden deshalb immer im Außenbogen gemessen und eckige Profile an der längsten Seite (Abschnitt 5.2.2). Rohrgeländer werden nach der Länge der Rohre getrennt nach Dimensionen gerechnet (Abschnitt 5.2.4). Bei der Abrechnung nach Längenmaß sind Kreuzungen, Überdeckungen und Durchdringungen zu übermessen (Abb. 98). Abzuziehen sind nur Unterbrechungen von mehr als 1 m Länge (Abschnitt 5.3.2).

Abb. 98 Überdeckung von 2 I-Trägern

Abb. 99 Flanschpaar

Bei der Bearbeitung von Rohrleitungen werden Armaturen, z. B. Schieber und Flansche, gemäß Abschnitt 5.3.2 übermessen (Abb. 99). Deren Beschichtung ist zusätzlich – am besten nach *Anzahl* (St) – zu rechnen (Abschnitt 5.2.9).

Das Anlegen von *Kontrollflächen* ist gemäß Abschnitt 4.2.18 als Besondere Leistung extra zu vergüten. Im Leistungsverzeichnis sind dafür entsprechende Positionen vorzusehen. Kontrollflächen sollen nach Abschnitt 0.5.3 nach Anzahl (St) abgerechnet werden.

In der ATV DIN 18364, Ausgabe September 2023, wurde im Abschnitt 0.5.3 das Vorbehandeln und Beschichten von Kleinflächen neu aufgenommen. Danach sollen begrenzte Flächen bis 2,5 m^2, differenziert nach verschiedenen Einzelflächenbereichen, getrennt nach Anzahl (St) abgerechnet werden. Um sicherzustellen, dass diese auch zur Anwendung kommen, sollte im Vertrag ausdrücklich festgelegt werden, dass Abschnitt 0.5 der ATV DIN 18364 auch Vertragsbestandteil wird.

3. Masse

Falls das Leistungsverzeichnis als Abrechnungseinheit die *Masse* der zu behandelnden Konstruktionen vorgibt, ist für die Preisbildung die Masse auf die Fläche umzurechnen. Über die Masse der ausgeschriebenen Profile, Bleche und Bänder kann deren Oberfläche für die Beschichtung ermittelt werden. Verbindungsmittel, z. B. Schrauben, Nieten, Schweißnähte, bleiben bei dieser Art der Abrechnung unberücksichtigt.

Beispiel zur Umrechnung von Profilen nach DIN EN 10034			
2,25 t breite Träger HE B 180 (IPB)	⟶ 2,25 t × 20,31 m^2/t	=	45,70 m^2
3,50 t breite Träger HE B 300 (IPB)	⟶ 3,50 t × 14,78 m^2/t	=	51,73 m^2
Beschichtungsfläche			97,43 m^2

Bei der Abrechnung nach Massen ist bei Blechen und Bändern
aus Stahl die Masse von 7,85 kg/m^2;
aus nicht rostendem Stahl die Masse von 7,90 kg/m^2
je 1 mm Dicke zugrunde zu legen.

Bei der Abrechnung nach Masse ist zu beachten, dass die Masse von Teilen, deren Flächen ganz oder teilweise nicht zu behandeln sind, nicht abgezogen wird. Wollte man der Abrechnung nur die bearbeiteten, sichtbaren Flächen zugrunde legen, würde ein unverhältnismäßig hoher Aufwand für das exakte Aufmaß entstehen. Deshalb werden Teilflächen, die zur Lagerung im Mauerwerk oder Beton eingelassen oder als Stützen oder Stützfüße einbetoniert sind, nicht abgezogen.

Übung

(Lösung im Anhang, S. 124)

Leistungsbeschreibung

Erstbeschichtung einer Stahlkonstruktion in einer Lagerhalle
Vorbereiten der Oberfläche gemäß Oberflächenvorbereitungsgrad Sa 2 1/2
Korrosionsschutzgrundierung, zwei Aufträge mit Dämmschichtbildner,
ein Schlussauftrag mit Schutzlack

Ermitteln Sie die gesamte Beschichtungsfläche für folgende Stahlbauteile:

Typ	Kurzzeichen	Massen	Mantelfläche
Rundkantiger U-Stahl (DIN 1026)	U 200	50,0 m	0,661 m^2/m
Mittelbreiter I-Träger (DIN EN 10034)	IPE 200	1,7 t	34,280 m^2/t
Breiter I-Träger (DIN EN 10034)	HE B 400 (IPB)	85,0 m	1,930 m^2/m

Hinweis: Der Träger HE B 400 (IPB) hat 10 Überdeckungen (einseitig) im Bereich von Stützen mit folgenden Maßen: 500 mm × 400 mm.

K. Abrechnung von Bodenbelagarbeiten (DIN 18365)

Die ATV DIN 18365 gilt für das Verlegen von Bodenbelägen in Bahnen und Platten aus Linoleum, Kunststoff, Elastomer, Textilien und Kork sowie für mehrschichtige Elemente. Sie gilt jedoch nicht für Parkett- oder Holzpflasterarbeiten. Eine Unterscheidung zwischen der Leistungsermittlung aus Zeichnungen und dem Aufmaß vor Ort erfolgt nicht.

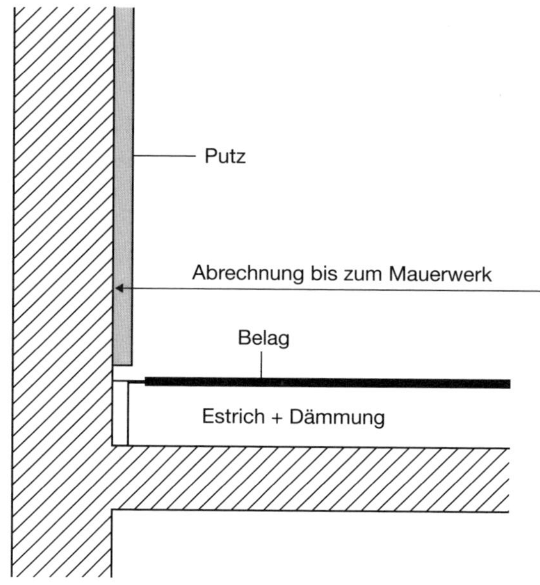

Abb. 100 Bodenbelag an Bauteil angrenzend (Schnitt)

Für das Verlegen von Bodenbelägen auf Flächen **mit** begrenzenden Bauteilen gelten immer die Maße der belegten Flächen bis zu den sie begrenzenden, ungeputzten, nicht bekleideten Bauteilen, also die *Rohbaumaße*. Beim Aufmaß vor Ort wird deshalb der vor einem Mauerwerk aufgebrachte Putz durchgemessen. Als Putzstärke sind etwa 15 mm anzusetzen.

Auf Flächen **ohne** begrenzende Bauteile wird mit dem Maß der zu belegenden Fläche, also mit dem effektiven Maß, abgerechnet. Dies ist z. B. dann der Fall, wenn der Bodenbelag an einen Fliesenbelag angrenzt (Abb. 101).
Bodenbeläge auf *Stufen, Schwellen* und in *Nischen* sind immer mit den größten Maßen zu rechnen. Bei einer größeren Anzahl von Stufen, Schwellen oder Nischen ist die Abrechnung nach Längenmaß oder nach Anzahl (St) sinnvoll.

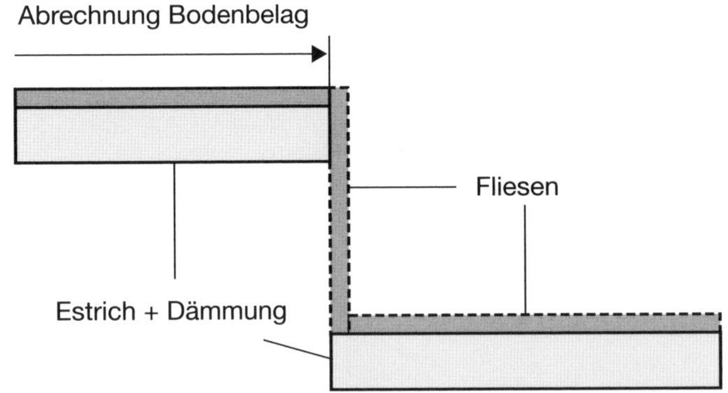

Abb. 101 Fläche ohne begrenzendes Bauteil

Bei der Abrechnung nach Flächenmaß werden *Aussparungen,* z. B. für Öffnungen, Pfeiler, Vorlagen und Rohrdurchführungen, *über 0,1 m²* Einzelgröße abgezogen. Das Herstellen dieser Öffnungen ist nach Abschnitt 4.2.10 als Besondere Leistung gesondert abzurechnen. In Bodenbeläge nachträglich eingearbeitete Teile, z. B. Intarsien oder Markierungen, werden grundsätzlich übermessen und gesondert gerechnet.
Das Abschneiden der Überstände von Randdämmstreifen nach dem Spachteln oder Verlegen der Beläge ist nach Abschnitt 4.2.14 ebenfalls eine Besondere Leistung und daher extra zu vergüten.

Um die Abrechnung beim Längenmaß zu vereinfachen, gilt auch hier wie in anderen ATVs, dass *Unterbrechungen* erst abgezogen werden, wenn deren Einzellänge *mehr als 1 m* beträgt. Für alle Unterbrechungen bei Türen und Durchgängen wird ebenfalls das Maß der Bauzeichnung (Rohbaumaß) zugrunde gelegt. Dies kann in der Praxis dazu führen, dass beim Anbringen von Sockelleisten an Türen durch Futter und Bekleidung Unterbrechungen von mehr als 1 m Einzellänge entstehen und diese trotzdem übermessen werden dürfen, wenn das Rohbaumaß der Öffnung 1,00 m nicht übersteigt (Abb. 102).

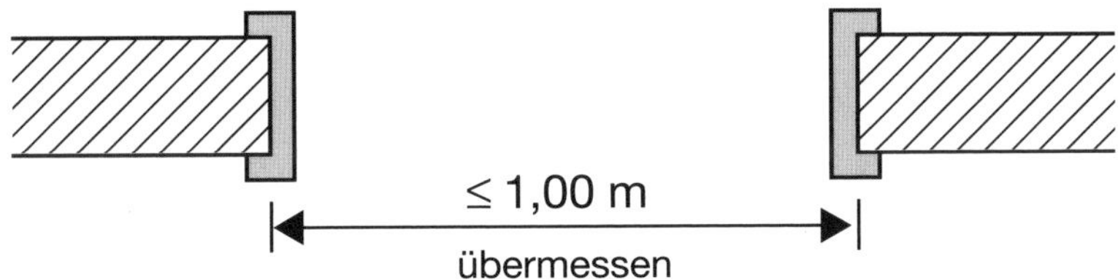

Abb. 102 Türöffnung mit Futter und Bekleidung (Grundriss)

Übung

(Lösung im Anhang, S. 125)

Position 1 Bodenfläche inkl. Türdurchgang mit Teppichboden belegen
Position 2 Sockelleisten an Wänden und Pfeilern anbringen

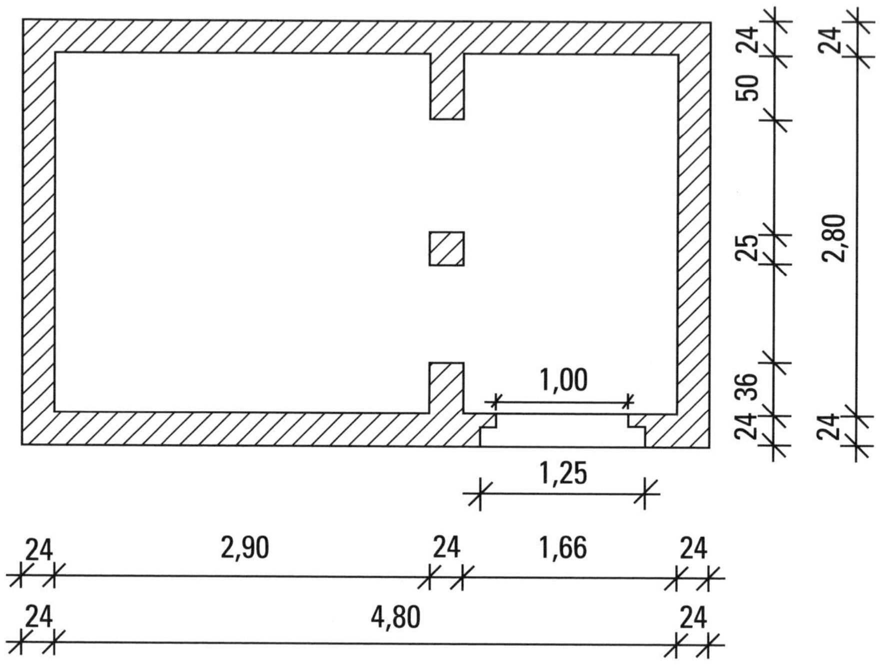

Abb. 103 Zimmer mit Pfeiler und Vorsprung (Grundriss)

L. Abrechnung von Gerüstarbeiten (DIN 18451)

1. Grundlegende Vorschriften

Die ATV DIN 18451 gilt für das Auf-, Um- und Abbauen sowie für die Gebrauchsüberlassung von Gerüsten und Bühnen, die als Hilfskonstruktionen für die Ausführung von Bauarbeiten benötigt werden.
Die Abrechnung erfolgt getrennt nach Gerüstbauart und vereinbartem Verwendungszweck mit den Abrechnungseinheiten Flächenmaß (m^2), Raummaß (m^3), Längenmaß (m) oder Anzahl (Stück).

Eine abrechnungsbezogene Unterscheidung zwischen Arbeits- und Schutzgerüsten sieht die neue Norm nicht mehr vor. Nach Abschnitt 5.1.1 gelten nun für die Leistungsermittlung – unabhängig davon, ob sie nach Zeichnung, digitalem Modell oder Aufmaß erfolgt – die technisch erforderlichen Maße an den *Außenseiten* der Gerüstkonstruktion (Abb. 104).

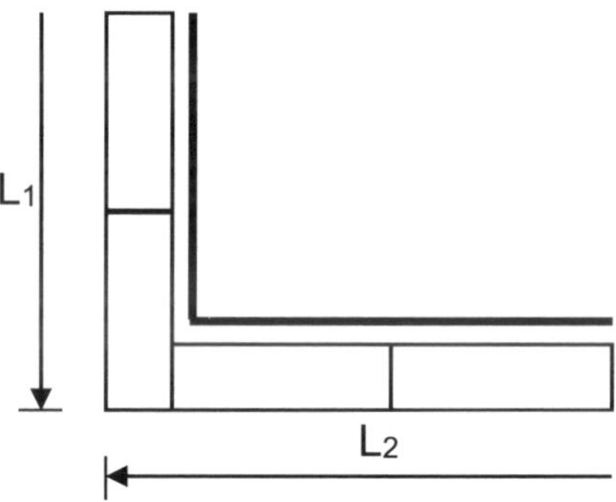

Abb. 104 Volleinrüstung; $A = (L_1 + L_2) \times H$

Die Höhe der Gerüste wird von der *Standfläche* ausgehend gerechnet. Als Standfläche gilt die vom Gerüst überbaute Fläche zwischen den Einleitungspunkten der Lasten aus dem Gerüst in das Bauwerk, in den Untergrund oder in eigenständige Gerüst- oder Tragekonstruktionen (Abb. 105–107).

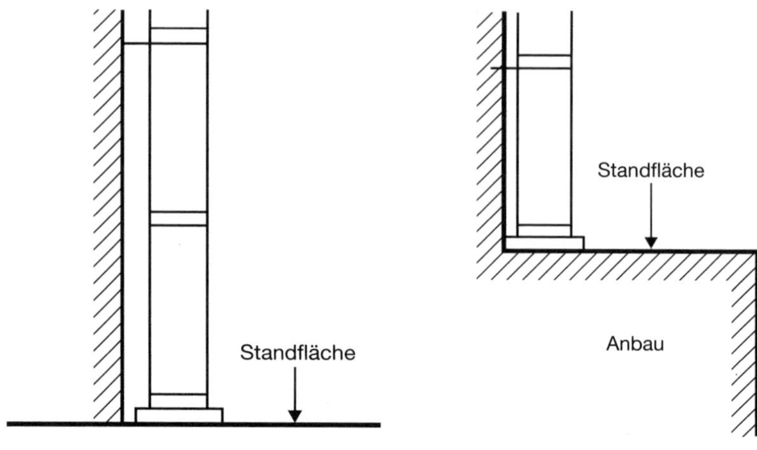

Abb. 105 Standfläche Untergrund

Abb. 106 Standfläche Bauwerk

Bei der Standfläche in Abb. 107, handelt es sich um eine Standlinie, die aus der Verbindung der Lasteinleitungspunkte gebildet wird. Der Lasteinleitungspunkt liegt jeweils in der Unterkante des Lastverteilers oder des Unterbaus. Die Lasteinleitungspunkte sind so zu verbinden, dass eine Linie *parallel* zum vom Gerüst überbauten Traggrund entsteht. Als Traggrund gilt der jeweils unmittelbar mit dem Lasteinleitungspunkt verbundene Baugrund oder das entsprechende Bauwerksteil oder eine eigenständige Gerüst- oder Tragekonstruktion.

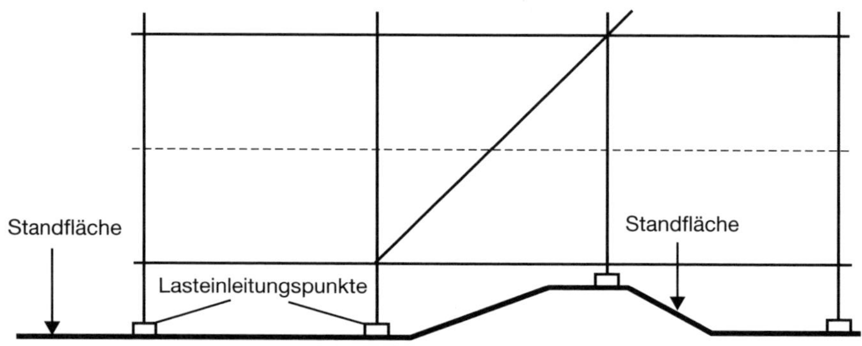

Abb. 107 Standfläche auf Untergrund

Das Freimachen des Geländes für Standflächen des Gerüstes, der Schutz und Rückschnitt von Pflanzen und Bäumen sowie das Herstellen und Entfernen von Hilfsgründungen gelten als Besondere Leistungen, die extra zu vergüten sind (Abschnitt 4.2.1).

2. Fassadengerüste

Als Fassadengerüste gelten Standgerüste mit längenorientierten Gerüstlagen. Für diese gelten gemäß Abschnitt 5.2.1 besondere Abrechnungsvorschriften.
Die Länge von Fassadengerüsten wird in der größten horizontalen Abwicklung an den Gerüstaußenseiten, mindestens mit 2,5 m, gerechnet (Abb. 108 und 109).

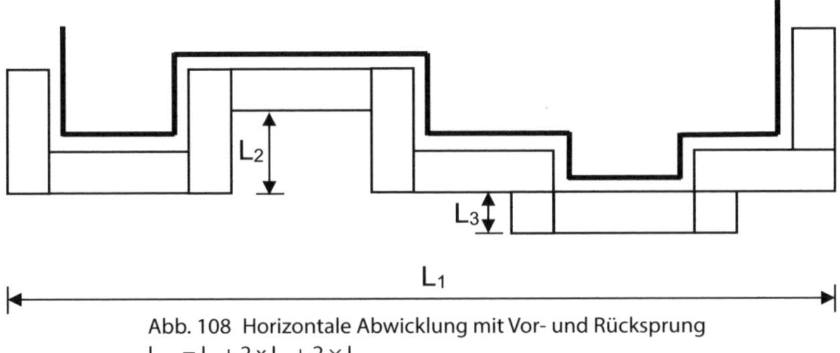

Abb. 108 Horizontale Abwicklung mit Vor- und Rücksprung
$L_{ges} = L_1 + 2 \times L_2 + 2 \times L_3$

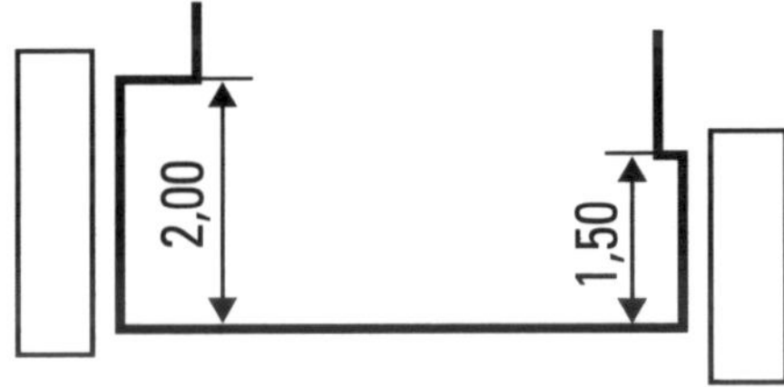

Abb. 109 Teileinrüstungen ≤ 2,5 m;
$L_{ges} = 2 \times 2{,}50$ m
(Vgl. hierzu auch Abschnitt 5.4.1)

Anders verhält es sich jedoch, wenn die Seitenflächen mit der Frontfläche eine zusammenhängende Einrüstung darstellen (Abb. 110). Dann gilt die Mindestlänge von 2,5 m für die gesamte zusammenhängende Einrüstung.

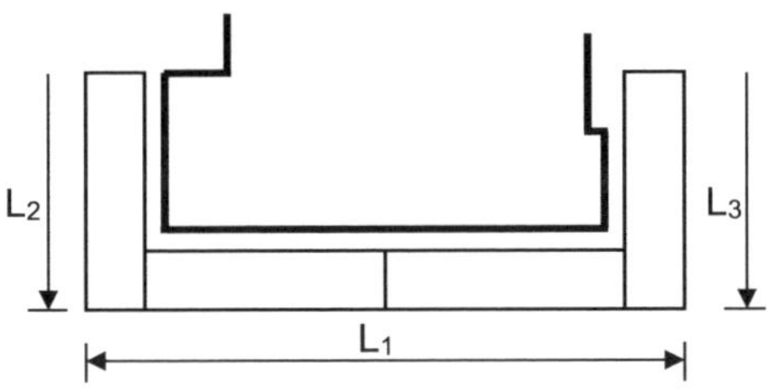

Abb. 110 Zusammenhängende Einrüstung
$L_{ges} = L_1 + L_2 + L_3$

Die Aufmaßhöhe von *Fassadengerüsten* wird von der Standfläche des Gerüstes bis zum jeweils obersten Gerüstbelag zuzüglich 2 m gerechnet (Abb. 111).
Diese Regelung gilt für Voll- oder Teileinrüstungen. Die Maßangabe von 2,00 m entspricht i. d. R. der »Rasterung« der auf dem Markt befindlichen Gerüstsysteme.

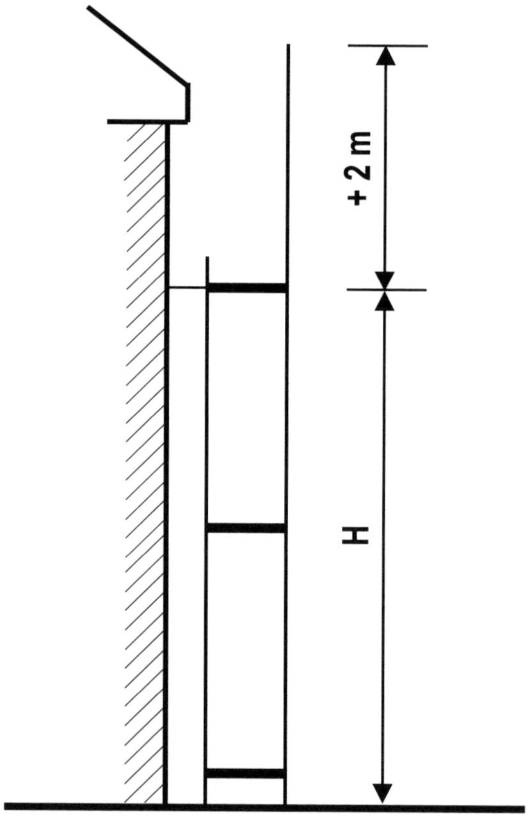

Abb. 111 Aufmaßhöhe Fassade = H + 2,00 m

Die abzurechende Fläche für ein Fassadengerüst an einer zu bearbeitenden Giebelseite ergibt sich wie folgt (Abb. 112):
$A = (L \times H) + (L_1 \times H_1)$

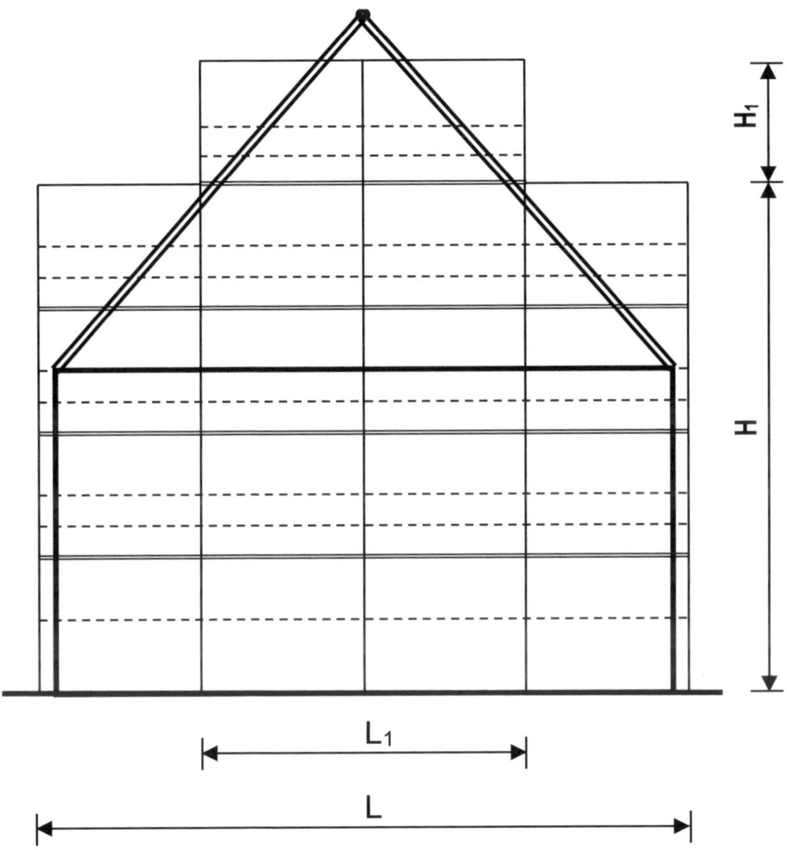

Abb. 112 Aufmaß Fassadengerüst (nur Giebelseite)

Aussparungen in der eingerüsteten Fläche, z. B. Fenster, Tore, Durchfahrten, sowie überbrückte Gebäudeteile, wie Anbauten, Balkone, Erker und dergleichen, werden unabhängig von deren Maßen übermessen (vgl. Abb. 115).

3. Gerüstergänzungen

Der Abschnitt 5.2.7 „Gerüstergänzungen" enthält ergänzende Regelungen, die auch bei Fassadengerüsten von Bedeutung sind.

Verbreiterungen von Gerüsten mittels Konsolen, z. B. für die Bearbeitung von Gesimsen, Dachüberständen, Rinnen, Erkern, werden zusätzlich zum Gerüst nach Längenmaß gerechnet. Für die Ermittlung des Längenmaßes ist die technisch erforderliche Länge in der größten Abwicklung an der freien Belagskante der Gerüstverbreiterung maßgebend (Abschnitt 5.2.7.1).

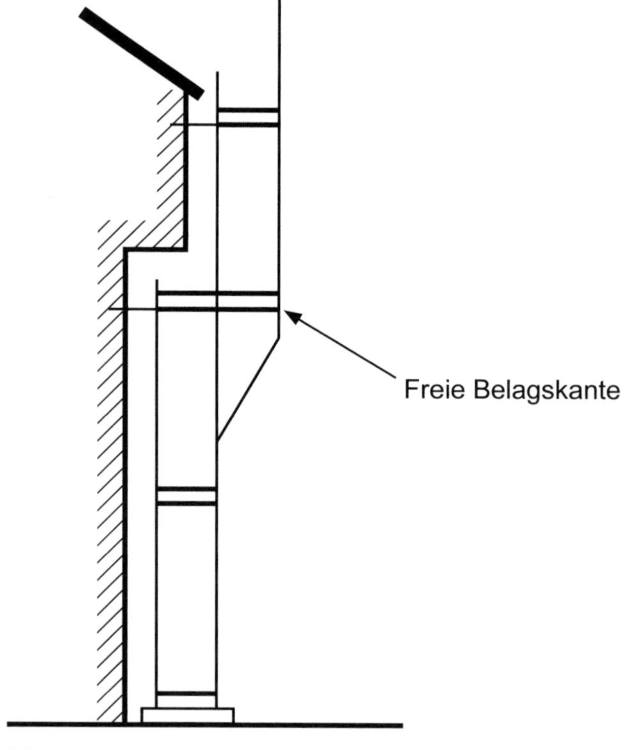

Abb. 113 Gerüstverbreiterung mittels Konsole

Schutzeinrichtungen wie beispielsweise zusätzlicher Seitenschutz, Fanggerüste, Dachfanggerüste, Schutzdächer und Fußgängertunnel können auch bei Fassadengerüsten erforderlich sein. Gemäß Abschnitt 5.2.7.3 werden diese zusätzlich zum Gerüst nach Längenmaß gerechnet, wobei immer die technisch erforderliche Länge der Schutzeinrichtung maßgebend ist.

Gerüstbekleidungen werden nach der tatsächlichen Bekleidungsfläche abgerechnet (Abschnitt 5.2.7.4). Maßgebend für die Abrechnungslänge sind die Außenecken des Gerüsts (Abb. 114). Die Höhe wird bis zur tatsächlichen Höhe der Bekleidung gerechnet.

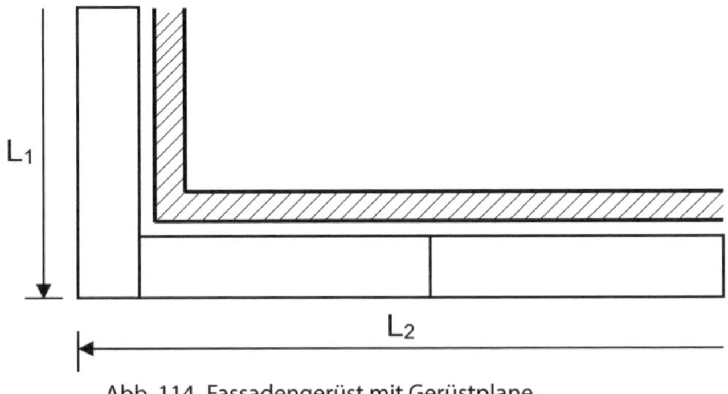

Abb. 114 Fassadengerüst mit Gerüstplane
$A_{Gerüstplane} = (L_1 + L_2) \times$ tatsächliche Bekleidungshöhe

Bei der Abrechnung des Längenmaßes für *Überbrückungen und Auskragungen*, die z. B. bei Öffnungen, Dächern, Gebäudeteilen, Anbauten und Durchfahrten erforderlich sind, wird nach Abschnitt 5.2.7.5 die technisch erforderliche Länge zwischen den äußeren Lasteinleitungspunkten gerechnet (Abb. 115).

Überbrückungen sind Sonderkonstruktionen und werden zusätzlich zur Gerüstfläche abgerechnet. Die überbrückte Fläche wird nicht abgezogen, soweit die Lasteinteilung nicht in das Bauwerk oder in Bauwerksteile erfolgt.

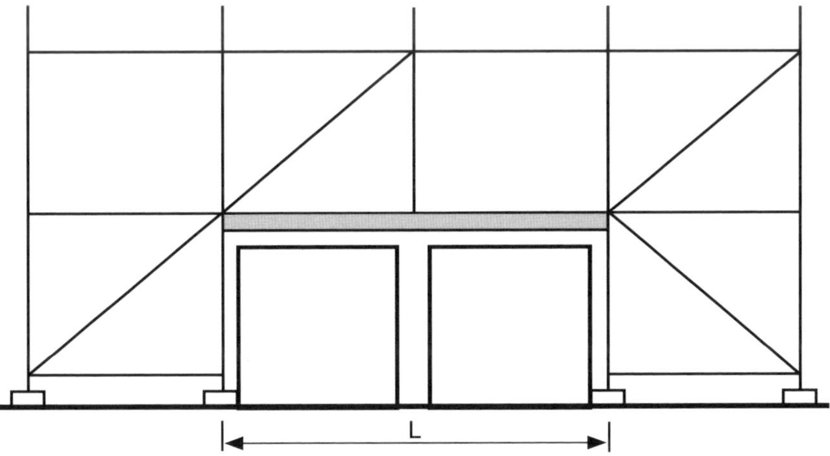

Abb. 115 Überbrückung von zwei Garagenzufahrten

Die *Gebrauchsüberlassung* von Gerüsten wurde im Abschnitt 5.4.3 neu geregelt. Die Grundeinsatzzeit ist entfallen. Nach Abschnitt 5.1.2 ist die Gebrauchsüberlassung getrennt vom Auf-, Um- und Abbau des Gerüstes abzurechnen. Das erfordert eine eigenständige Position im Leistungsverzeichnis, die gemäß dem neuen Abschnitt 0.5.5 zusätzlich mit einer Zeitangabe zu versehen ist. Die Gebrauchsüberlassung eines Fassadengerüstes ist daher i. R. mit der Einheit m^2Wo auszuschreiben. Die Gebrauchsüberlassung beginnt entweder

a) am vertraglich vereinbarten Termin oder
b) ab dem Tag der Nutzung, wenn diese vor dem vereinbarten Tag erfolgt.

Die Gebrauchsüberlassung endet frühestens 3 Werktage nach Zugang der schriftlichen Mitteilung des Auftraggebers über die Freigabe zum Abbau.
Für das Ende der Gebrauchsüberlassung ist also der Tag maßgebend, an dem der Auftragnehmer die Mitteilung über die Freigabe erhält. Für die Abrechnung der Dauer der Gebrauchsüberlassung gilt jede angefangene Woche – außer bei Traggerüsten – als weitere volle Woche, sofern die Vertragspartner keine andere Abrechnungseinheit (z. B. m^2Monat) vereinbart haben.

ANHANG

Lösungen zu den Übungen im Textteil

Reihenfolge der Lösungen

1. Übungen zu den Grundregeln
2. Übung zur Abrechnung nach Längenmaß
3. Übungen zur Abrechnung von Türen
4. Übungen zur Abrechnung von Fenstern
5. Übungen zur Abrechnung von Heizkörpern
6. Übung zur Abrechnung von Stahlbauteilen
7. Übung zur Abrechnung von Putz- und Stuckarbeiten
8. Übung zur Abrechnung von Korrosionsschutzarbeiten
9. Übung zur Abrechnung von Bodenbelagarbeiten

1. Übungen zu den Grundregeln

Pos. Nr.	Bezeichnung	Stück +	Stück –	Abmessungen Länge	Breite	Höhe	Messgehalt	Abzug	reiner Messgehalt
Abb 15									
1. Wandfläche 1									
		1		6,00	2,50		15,00		
	Fenster		1	2,50	1,35			3,38	
	Fliesen		1	1,45	2,15			3,12	
							15,00	6,50	**8,50**
	Erläuterung: Türöffnung und Heizkörpernische übermessen, da jeweils < 2,5 m^2								
2. Leibungen									
	Tür und Fenster mit HKN	4		2,15			8,60		
	Tür	1		0,90			0,90		
	Fenster	1		2,50			2,50		
							12,00		**12,00**
Abb 16									
1. Wandfläche 2									
		1		6,00	2,50		15,00		
	Nische		1	2,00	2,00			4,00	
							15,00	4,00	**11,00**
	Erläuterung: Türöffnung und Holzverkleidung übermessen, da jeweils < 2,5 m^2								

2. Leibungen									
	Tür	2		2,50				5,00	
	Nische	3		2,00				6,00	
								11,00	**11,00**
	Erläuterung: Die obere »Türleibung« zählt zur Deckenfläche								

2. Übung zur Abrechnung nach Längenmaß

Pos. Nr.	Bezeichnung	Stück +	Stück –	Abmessungen Länge	Breite	Höhe	Messgehalt	Abzug	reiner Messgehalt
	Fußleiste (Höhe 0,15 m)	2		4,00			8,00		
		2		6,00			12,00		
	Durchgang		1	1,50				1,50	
							20,00	1,50	**18,50**

3. Übungen zur Abrechnung von Türen

Pos. Nr.	Bezeichnung	Stück +	Stück –	Abmessungen Länge	Breite	Höhe	Messgehalt	Abzug	reiner Messgehalt
1	Wohnungs- und Zimmertüren mit Futter und Bekleidung								
	Türblätter	46		0,89	2,02	2	165,40		
	Futter und Bekleidung	92		0,40	2,02		74,34		
		46		0,40	0,89		16,38		
	Türblätter	24		0,76	2,02	2	73,69		
	Futter und Bekleidung	48		0,28	2,02		27,15		
		24		0,28	0,76		5,11		
							362,07		**362,07**
2	Eingangstüren mit Blockzarge								
	Eingangstüren	4		1,00	2,15	2			**4 Stück**
3	Stahltüren mit Stahumfassungszargen								
	Türblätter	12		0,95	2,00	2	45,60		
	Zargen	24		0,36	2,00		17,28		
		12		0,36	0,95		4,10		
							66,98		**66,98**
4	Brandschutztüren mit Eckzargen								
	Türblätter	2		1,00	2,10	2	8,40		
	Stirnseiten	4		0,08	2,10		0,67		
		2		0,08	1,00		0,16		
	Eckzargen	4		0,18	2,10		1,51		
		2		0,18	1,00		0,36		
							11,10		**11,10**

4. Übungen zur Abrechnung von Fenstern

Pos. Nr.	Bezeichnung	Stück +	Stück –	Abmessungen Länge	Breite	Höhe	Messgehalt	Abzug	reiner Messgehalt
1	Isolierglasfenster, alls.	10		1,40	1,20	2	33,60		**33,60**
2	Doppelfenster, allseitig	12		1,20	1,00	4			**12 Stück**
3	Isolierglasfenster, alls.	5		1,60	1,40	2	22,40		
		7		1,20	1,39	2	23,35		
		4		2,00	1,30	2	20,80		
		4		1,00	0,80	2	6,40		
							72,95		**72,95**
4	Kastenfenster	5		1,26	1,35	4	34,02		
	Leibungen seitlich	10		0,20	1,35		2,70		
	oben und unten	10		0,20	1,26		2,52		
							39,24		**39,24**

5. Übungen zur Abrechnung von Heizkörpern

Pos. Nr.	Bezeichnung	Stück +	Stück –	Abmessungen Länge	Breite	Höhe	Messgehalt	Abzug	reiner Messgehalt
1	Radiatoren								
	Gußradiator DIN 4720	20		580	160	0,255	5,10		
	Stahlradiatoren DIN 4722	22		600	110	0,140	3,08		
		22		600	110	0,140	3,08		
	Guß-Säulenradiator	16		870	140	0,290	4,64		
	Stahl-Röhrenradiator	20		750	100	0,180	3,60		
							19,50		**19,50**
2	Plattenheizkörper								
	Buderus PKKP	2		2,50	600	6,60	33,00		
	Hagan PK 22	1		1,00	500	2,20	2,20		
	Schäfer EK	2		1,50	600	2,77	8,31		
	Schäfer DKEK	1		0,60	300	4,15	2,49		
							46,00		**46,00**
3	Radiatoren (nach Abwicklung)								
	Gußradiator	20		0,50	0,160	2,8	4,48		
	Guß-Säulenradiator	16		0,80	0,140	2,5	4,48		
							8,96		**8,96**

6. Übung zur Abrechnung von Stahlbauteilen

Pos. Nr.	Bezeichnung	Stück		Abmessungen			Messgehalt	Abzug	reiner Messgehalt
		+	–	Länge	Breite	Höhe			
	I-Träger (DIN 10034), allseitig								
	IPE 240	1		10,00	0,922		9,22		
	IPB 400	1		20,00	1,930		38,60		
	IPBI 550	1		5,00	2,210		11,05		
							58,87		**58,87**

7. Übung zur Abrechnung von Putz- und Stuckarbeiten

Pos. Nr.	Bezeichnung	Stück		Abmessungen			Messgehalt	Abzug	reiner Messgehalt
		+	–	Länge	Breite	Höhe			
1	Fassadenfläche	1		9,60	5,00		48,00		
	Fenster		2	2,00	1,35			5,40	
							48,00	5,40	**42,60**
	Erläuterungen: Eingangstür und untere Fenster werden übermessen, da anteilig < 2,5 m^2 Fenster über Eingangstür wird ebenfalls übermessen, da < 2,5 m^2								
2	Sockelfläche	1		9,60	0,80		7,68		**7,68**
	Erläuterung: Eingangstür und untere Fenster werden übermessen, da anteilig < 2,5 m^2								
3	Leibungen Fenster	10		1,35			13,50		
		4		2,00			8,00		
		1		1,76			1,76		
	Leibungen Tür	2		2,00			4,00		
		1		1,76			1,76		
							29,02		**29,02**

8. Übungen zur Abrechnung von Korrosionsschutzarbeiten

Pos. Nr.	Bezeichnung	Stück		Abmessungen			Messgehalt	Abzug	reiner Messgehalt
		+	–	Länge	Breite	Höhe			
	Stahlkonstruktion								
	Rundkantiger U-Stahl	1		50,00	0,661		33,05		
	I-Träger IPE 200	1		1,70	34,28		58,28		
	I-Träger IPB 400	1		85,00	1,93		164,05		
	Aussparungen		10	0,50	0,40			2,00	
							255,38	2,00	**253,38**

9. Übung zur Abrechnung von Bodenbelagarbeiten

Pos. Nr.	Bezeichnung	Stück +	Stück –	Abmessungen Länge	Abmessungen Breite	Abmessungen Höhe	Messgehalt	Abzug	reiner Messgehalt
1	Bodenfläche	1		4,80	2,80		13,44		
	Türdurchgang	1		1,25	0,24		0,30		
	Vorsprung		1	0,24	0,50			0,12	
							13,74	0,12	**13,62**
	Erläuterungen: Türdurchgang wird nach den größten Maßen gerechnet Vorsprung wird abgezogen, da > 0,1 m^2								
2	Sockelleisten Wände	2		4,80			9,60		
		2		2,80			5,60		
	Pfeiler	2		0,25			0,50		
		2		0,24			0,48		
	Vorsprung 1	2		0,36			0,72		
	Vorsprung 2	2		0,50			1,00		
							17,90		**17,90**
	Erläuterungen: Türöffnung wird übermessen, weil die Unterbrechung nicht größer als 1 m ist								

Abrechnungsvorschriften der VOB, Ausgabe 2019 und Ergänzungsband 2023

VOB Vergabe- und Vertragsordnung für Bauleistungen –
Teil C: Allgemeine Technische Vertragsbedingungen für Bauleistungen (ATV)

DIN 18299
Allgemeine Regelungen für Bauarbeiten jeder Art
Ausgabe September 2023

5 Abrechnung
Die Leistung ist aus Zeichnungen oder Modellen zu ermitteln, soweit die ausgeführte Leistung diesen Zeichnungen oder Modellen entspricht. Sind solche Zeichnungen oder Modelle nicht vorhanden, ist die Leistung aufzumessen.

DIN 18363
Maler- und Lackierarbeiten – Beschichtungen
Ausgabe September 2019

0.5 Abrechnungseinheiten
Im Leistungsverzeichnis sind die Abrechnungseinheiten wie folgt vorzusehen:

0.5.1 Flächenmaß (m²), getrennt nach Bauart und Maßen, für
- Decken, Wände, Böden und Bekleidungen bei Flächen > 2,5 m² Einzelgröße,
- Pfeiler, Lisenen, Stützen, Unterzüge, Wandvorlagen, Gesimse, Untersichten von Dachüberständen, Pilaster und dergleichen mit einer Breite > 1 m je Ansichtsfläche,
- Treppenuntersichten,
- Türen, Tore, Zargen,
- Fenster, Rollläden, Fensterläden,
- Stahlprofile und Rohre mit einem Umfang > 1 m,
- Holzschalungen,
- Heizkörper,
- Gitter, Geländer, Zäune, Einfriedungen, Roste,
- Trapezprofile, Wellbleche,
- Blechdächer und dergleichen,
- Behandeln von Teilflächen, differenziert nach Flächenanteilen, z. B.

- ≤ 10 % der Bauteilfläche,
- > 10 % ≤ 30 % der Bauteilfläche,
- > 30 % ≤ 50 % der Bauteilfläche.

0.5.2 Längenmaß (m), getrennt nach Bauart und Maßen, für
- Leibungen,
- Fugen,
- Pfeiler, Lisenen, Stützen, Unterzüge, Vorlagen, Gesimse, Untersichten von Dachüberständen, Pilaster und dergleichen mit einer Breite ≤ 1 m je Ansichtsfläche,
- Treppenwangen,
- Leisten,
- Deckenbalken, Fachwerke und dergleichen aus Holz oder Beton,
- Sparren,
- Stahlprofile und Rohre mit einem Umfang ≤ 1 m,
- Eckprofile, Gewebewinkel, Fugenprofile,
- Rollladenführungsschienen, Ausstellgestänge, Anschlagschienen,
- Dachrinnen, Fallrohre,
- Kehlen, Schneefanggitter,
- Markierungen,
- Faschen, Umrahmungen, Abschlussstriche, Eckverbände, Farbabgrenzungen,
- Abschneiden des Überstandes von Randdämmstreifen,
- Anpassen an Bauteile und Einbauteile,
- Überbrückung von Putz- oder Betonrissen.

0.5.3 Anzahl (St), getrennt nach Bauart und Maßen, für
- Türen, Tore, Zargen,
- Fenster, Rollläden, Fensterläden,
- Gitter, Roste und Rahmen,
- Heizkörper, Heizkörperkonsolen und Halterungen,
- Motoren,
- Armaturen,
- Richtungspfeile, Buchstaben und dergleichen,
- Schließen von Verankerungsöffnungen, z. B. bei Gerüsten,
- Anpassen an Bauteile und Einbauteile,
- Decken, Wände, Böden und Bekleidungen bei Flächen ≤ 2,5 m^2 Einzelgröße,
- Rosetten, Ornamente, Konsolen, Schornsteinköpfe und dergleichen.

0.5.4 Raummaß (l), für
- Silicon- und Kieselsäureester-Imprägniermittel.

5 Abrechnung

Ergänzend zur ATV DIN 18299, Abschnitt 5, gilt:

5.1 Allgemeines

5.1.1 Der Ermittlung der Leistung – gleichgültig, ob sie nach Zeichnung oder nach Aufmaß erfolgt – sind die Maße

- der behandelten Flächen,
- der beschichteten Flächen

zugrunde zu legen.

Zur Leistungsermittlung sind die vereinfachenden Regeln, wie Übermessungsregeln und Einzelregelungen, anzuwenden.

5.2 Ermittlung der Maße/Mengen

5.2.1 Für das Vorbereiten von Untergründen, Beschichten und Behandeln sind

- auf Innenflächen ohne begrenzende Bauteile die Maße der ungeputzten, ungedämmten, nicht bekleideten Flächen,
- auf Innenflächen mit begrenzenden Bauteilen die Maße der zu behandelnden Flächen bis zu den sie begrenzenden, ungeputzten, ungedämmten, nicht bekleideten Bauteilen, z. B. Rohfußboden, Rohdecke,
- bei Innenarbeiten die behandelten Flächen, wenn die Rohbaumaße nicht ermittelt werden können,
- bei Fassaden die behandelten Flächen

zugrunde zu legen.

Raumbildende Systemböden, Trockenunterböden, Vorsatzschalen sowie Unterdecken und abgehängte Decken gelten als begrenzende Bauteile.

5.2.2 Bei der Abrechnung von beliebig geformten Einzelflächen, z. B. Ausbesserungsstellen, ist zur Ermittlung der Maße das kleinste umschriebene Rechteck zugrunde zu legen. Ausgenommen von dieser Regel sind Kreise, Dreiecke, Trapeze und Rauten.

5.2.3 Beschichtete Rückflächen von Nischen sowie Leibungen werden unabhängig von ihrer Einzelgröße mit ihren Maßen gesondert gerechnet.

5.2.4 Bei Beschichtungsarbeiten werden unmittelbar zusammenhängende, verschiedenartige Aussparungen getrennt gerechnet, z. B. Öffnung mit angrenzender Nische.

5.2.5 Bindet eine Aussparung anteilig in angrenzende, getrennt zu rechnende Flächen ein, wird zur Ermittlung der Übermessungsgröße die jeweils anteilige Aussparungsfläche gerechnet.

5.2.6 Fenster, Türen, Trennwände, Bekleidungen und dergleichen werden je beschichtete Seite nach Fläche gerechnet.

5.2.7 Rohrgeländer werden nach Länge der Rohre getrennt nach Dimensionen gerechnet.

5.2.8 Profile, Heizkörper, Trapezprofile, Wellbleche und dergleichen werden nach abgewickelter Fläche oder, soweit vorhanden, nach Tabellen gerechnet.

5.2.9 Bei der Ermittlung der Maße wird jeweils das größte, gegebenenfalls abgewickelte Bauteilmaß zugrunde gelegt, z. B. bei Gesimsen, Umrahmungen, Wandanschlüssen, umlaufenden Friesen, Faschen. Dachrinnen werden am Wulst, Fallrohre im Außenbogen gemessen.

5.2.10 Silicon-Imprägnierungen und Kieselsäureester-Imprägnierungen werden nach verbrauchter Menge gerechnet.

5.3 Übermessungsregeln

Übermessen werden:

5.3.1 Bei Abrechnung nach Flächenmaß

- Aussparungen mit einer Einzelgröße $\leq 2{,}5\ m^2$, z. B. Öffnungen (auch raumhoch), Nischen; Aussparungen in Böden mit einer Einzelgröße $\leq 0{,}5\ m^2$.
  Bei der Ermittlung der Maße für die Übermessung sind die kleinsten Maße der Aussparung zugrunde zu legen.
- Fugen,
- flächenabschließende Gesimse, Friese, Lisenen, Eckverbände, Umrahmungen und Faschen und dergleichen ≤ 30 cm Einzelbreite, unabhängig davon, ob sie behandelt werden,
- Leisten, Sockelfliesen und dergleichen ≤ 10 cm Höhe,
- Unterbrechungen in der zu bearbeitenden Fläche, z. B. durch Fachwerkteile, Stützen, Unterzüge, Balkonplatten, Podeste, Wandvorlagen, Gesimse, Friese, Lisenen, mit einer Einzelbreite ≤ 30 cm, unabhängig davon, ob sie behandelt werden,
- Verglasungen, Füllungen und dergleichen bei Fenstern, Türen, Trennwänden, Bekleidungen und dergleichen.

5.3.2 Bei Abrechnung nach Längenmaß

- Unterbrechungen mit einer Einzellänge ≤ 1 m,
- Schieber, Flansche und dergleichen bei Rohrleitungen. Sie werden gesondert gerechnet.

5.4 Einzelregelungen

5.4.1 Bei Türen > 60 mm Dicke, bei Blockzargen > 60 mm Tiefe, bei Futter und Bekleidungen von Türen und Fenstern sowie bei Stahltürzargen und dergleichen wird die abgewickelte Fläche gerechnet.

Fenstergitter, Scherengitter, Rollgitter, Roste, Zäune, Einfriedungen und Stabgeländer werden einseitig gerechnet.

5.4.2 Werden Türen, Fenster, Rollläden und dergleichen nach Anzahl ge- rechnet, bleiben Abweichungen von den vorgeschriebenen Maßen bis jeweils 5 cm in der Höhe und Breite sowie bis 3 cm in der Tiefe unberücksichtigt.

5.4.3 Bei prozentual vorgegebener Behandlung von Flächen in nicht zusammenhängenden Teilflächen ist die Gesamtfläche des Bauteils zugrunde zu legen.

DIN 18340
Trockenbauarbeiten
Ausgabe September 2023

5 Abrechnung

Ergänzend zur ATV DIN 18299, Abschnitt 5, gilt:

5.1 Allgemeines

Der Ermittlung der Leistung – gleichgültig, ob sie nach Zeichnung oder nach Aufmaß erfolgt – sind die Maße der

- hergestellten Bekleidungen,
- bekleideten Flächen,
- hergestellten Beläge,
- hergestellten Bauteile

zugrunde zu legen.

Zur Leistungsermittlung sind die vereinfachenden Regeln wie Übermessungsregeln und Einzelregelungen anzuwenden.

5.2 Ermittlung der Maße/Mengen

5.2.1 Für Bekleidungen, Unterkonstruktionen, Dampfbremsen, Dämmstoff-, Trennund Schutzschichten, Schüttungen, Oberflächenbehandlungen, Schutzfolien, Haftbrücken und dergleichen ohne begrenzende Bauteile sind die Maße der fertigen Bekleidung zugrunde zu legen.

5.2.2 Bei Flächen mit begrenzenden Bauteilen werden die Maße bis zu den sie begrenzenden ungeputzten, ungedämmten, unbekleideten Bauteilen zugrunde gelegt. Raumbildende Systemböden, Trockenunterböden, Estriche, leichte Trennwände sowie Unterdecken und abgehängte Decken gelten als begrenzende Bauteile, sofern ihre Oberflächen nicht durchdrungen werden.

5.2.3 Bei der Ermittlung der Maße wird jeweils das größte, gegebenenfalls abgewickelte Bauteilmaß zugrunde gelegt, z. B. bei Gewölben, Teilbeplankungen, Wandanschlüssen, Wandecken, Wandeinbindungen und Wandabzweigungen, umlaufenden Friesen. Gleiches gilt bei Anarbeitungen an vorhandene und Einarbeitungen von vorhandenen Bauteilen, Einbauteilen und dergleichen.

5.2.4 Unmittelbar zusammenhängende, verschiedenartige Aussparungen, z. B. Öffnung mit angrenzender Nische, werden getrennt gerechnet. Gleichartige Aussparungen, die durch konstruktive Elemente getrennt sind, werden ebenfalls getrennt gerechnet.

5.2.5 Bindet eine Aussparung anteilig in angrenzende, getrennt zu rechnende Flächen ein, wird zur Ermittlung der Übermessungsgröße die jeweils anteilige Aussparungsfläche gerechnet.

5.2.6 Rückflächen von Nischen, ganz oder teilweise bekleidete freie Wandenden, Wandoberseiten, Schmalseiten von Schürzen, sowie Leibungen werden unabhängig von ihrer Einzelgröße mit ihrem Maß gesondert gerechnet.

5.2.7 Flächen, die sich nicht durch die Anwendung einfacher mathematischer Formeln, z. B. für Rechtecke, Dreiecke, Trapeze, Rauten ermitteln lassen, werden durch Aufteilung in umschriebene Rechtecke mit einer jeweiligen Breite von 1 m ermittelt.

5.3 Übermessungsregeln

Übermessen werden:

5.3.1 Bei Abrechnung nach Flächenmaß
- Aussparungen, z. B. Öffnungen (auch raumhoch), Nischen mit einer Einzelgröße ≤ 2,5 m^2. In Böden Aussparungen mit einer Einzelgröße ≤ 0,5 m^2. Bei der Ermittlung der Einzelgröße sind die kleinsten Maße der Aussparung zugrunde zu legen,
- Fugen,
- Unterbrechungen in der zu bearbeitenden Fläche, z. B. Stützen, Fachwerkteile, Träger, Lichtbänder, Einbauteile, Unterzüge mit einer Einzelbreite ≤ 30 cm.

5.3.2 Bei Abrechnung nach Längenmaß
- Unterbrechungen von Einzellängen ≤ 1 m.

5.4 Einzelregelungen

5.4.1 Bei Bekleidungen und bekleideten Flächen werden Anschlüsse, Reduzieranschlüsse, Friese, Randfriese, offene Fugen, Vertiefungen, Verkofferungen und dergleichen bis zu einer Einzelbreite ≤ 30 cm übermessen und gesondert gerechnet.

5.4.2 Sonderformate, z. B. Passplatten, werden gesondert gerechnet.

5.4.3 Gehrungen bei Friesen, Fugen, Nuten, Profilen und dergleichen werden je Richtungswechsel nur einmal gerechnet.

5.4.4 Einzelflächen ≤ 5 m^2 werden getrennt gerechnet.

DIN 18345
Wärmedämm-Verbundsysteme
Ausgabe September 2019

5 Abrechnung

Ergänzend zu ATV DIN 18299, Abschnitt 5, gilt:

5.1 Allgemeines

Der Ermittlung der Leistung – gleichgültig, ob sie nach Zeichnung oder nach Aufmaß erfolgt – sind für Wärmedämm-Verbundsysteme und verputzte Außenwärmedämmungen die Maße der fertig

- verputzten Oberflächen,
- belegten Oberflächen

zugrunde zu legen.

Zur Leistungsermittlung sind die vereinfachenden Regeln, wie Übermessungsregeln und Einzelregelungen anzuwenden.

5.2 Ermittlung der Maße/Mengen

5.2.1 Für Wärmedämm-Verbundsysteme und verputzte Außenwärmedämmungen, Auffütterungen, Dübelungen sowie Vorbehandeln von Untergründen gelten die Maße der fertig verputzten oder belegten Oberfläche.

5.2.2 Bei der Ermittlung der Maße wird jeweils das größte, gegebenenfalls abgewickelte Bauteilmaß zugrunde gelegt, z. B. bei Wandanschlüssen, umlaufenden Friesen, Faschen, Dachsparren und dergleichen.

5.2.3 Rückflächen von Nischen, auch wenn sie durch geringere Dämmstoffdicken gebildet werden, sowie Leibungen werden unabhängig von ihrer Einzelgröße mit ihren Maßen gesondert gerechnet.

5.2.4 Unmittelbar zusammenhängende, verschiedenartige Aussparungen, z. B. Öffnung mit angrenzender Nische, werden getrennt gerechnet.

5.2.5 Bindet eine Aussparung anteilig in angrenzende, getrennt zu rechnende Flächen ein, wird zur Ermittlung der Übermessungsgröße die jeweils anteilige Aussparungsfläche gerechnet.

5.2.6 Flächen, die sich nicht durch die Anwendung einfacher mathematischer Formeln, z. B. für Rechtecke, Dreiecke, Trapeze, Rauten ermitteln lassen, werden durch Aufteilung in umschriebene Rechtecke mit einer jeweiligen Breite von 1 m ermittelt.

5.3 Übermessungsregeln

Bei der Ermittlung der Maße für die Übermessung sind die kleinsten Maße der Aussparung zugrunde zu legen.
Übermessen werden:

5.3.1 Bei Abrechnung nach Flächenmaß
- Aussparungen, z. B. Öffnungen, Nischen, Brandbarrieren mit einer Einzelgröße ≤ 2,5 m²,
- Unterbrechungen in der zu bearbeitenden Fläche, z. B. durch Stützen, Unterzüge, Vorlagen, Balkonplatten, Podeste, Profile, Gurte, Friese, Um-

rahmungen, Nuten, Vertiefungen, Putzbänder, Brandriegel mit einer Einzelbreite ≤ 30 cm,
- Fugen, Dekorprofile und Dekorelemente.

5.3.2 Bei Abrechnung nach Längenmaß
- Unterbrechung von Einzellängen ≤ 1 m.

5.4 Einzelregelungen

5.4.1 Dekorprofile und Dekorelemente werden gesondert gerechnet.

5.4.2 Gehrungen, Kreuzungen, Verkröpfungen und Endungen sowie Dekorgesimse werden gesondert gerechnet.

DIN 18349
Betonerhaltungsarbeiten
Ausgabe September 2023

5 Abrechnung

Ergänzend zur ATV DIN 18299, Abschnitt 5, gilt:

5.1 Allgemeines

5.1.1 Der Ermittlung der Leistung – gleichgültig, ob sie nach Zeichnung oder Aufmaß erfolgt – sind die Maße der behandelten Flächen zugrunde zu legen. Zur Leistungsermittlung sind die vereinfachenden Regeln, wie Übermessungsregeln und Einzelregelungen anzuwenden.

5.2 Ermittlung der Maße/Mengen

5.2.1 Bei der Abrechnung von beliebig geformten Einzelflächen ist zur Ermittlung der Maße das kleinste umschriebene Rechteck, zugrunde zu legen. Ausgenommen von dieser Regel sind Kreise, Dreiecke, Trapeze und Rauten.

5.2.2 Für Flächen ≥ 1 m^2 werden für den Abtrag oder das Vorbereiten des Betonuntergrundes die Maße der zu behandelnden Flächen zu Grunde gelegt.

5.2.3 Für Flächen ≥ 1 m^2 werden für das Bearbeiten des Bewehrungsstahls (Entrosten, Korrosionsschutz) sowie das Auftragen des Betonersatzes und des Oberflächenschutzes die Maße der fertiggestellten Flächen zu Grunde gelegt.

5.2.4 Bei längenorientierten Ausbrüchen und Schichten ≤ 1 m wird bei Freilegen von Bewehrungsstahl, Ausbrüchen sowie Wiederherstellen der Oberfläche nach dem größten Maß gerechnet.

5.2.5 Bei längenorientierten Ausbrüchen und Schichten mit einer Breite ≤ 0,1 m und mit einer Einzellänge > 1 m ist die mittlere Bearbeitungstiefe zugrunde zu legen.

5.2.6 Bei Flächen mit ungleichmäßiger Dicke von Ausbrüchen und Schichten ist die mittlere Bearbeitungstiefe zugrunde zu legen. Bei Flächen ≤ 1 m^2 sowie bei längenorientierten Ausbrüchen und Schichten ≤ 1 m ist die größte Bearbeitungstiefe zugrunde zu legen.

5.2.7 Die Wandhöhen überwölbter Räume werden bis zum Gewölbeanschnitt, die Wandhöhe der Schildwände bis zu 2/3 des Gewölbestiches gerechnet.

5.2.8 Gewölbte Decken werden nach der Fläche des überdeckten Raumes gerechnet, wenn die Stichhöhe unter 1/6 der Spannweite beträgt.

5.2.9 Binden Stützen in Unterzüge oder Balken ein, werden die Unterzüge und Balken durchgemessen. Die Stützen werden bis Unterseite Unterzug oder Balken gerechnet.

5.2.10 Unmittelbar zusammenhängende verschiedenartige Aussparungen, z. B. Öffnung mit angrenzender Nische, werden getrennt gerechnet.

5.2.11 Treppenwangen werden in ihrer größten Breite gerechnet.

5.2.12 Reprofilierungen von Kanten werden in der Abwicklung gesondert gerechnet.

5.2.13 Bei Abrechnung der Schalung nach Flächenmaß ist das kleinste umschriebene Rechteck zugrunde zu legen.

5.2.14 Schutzabdeckungen werden bei der Abrechnung nach Flächenmaß in ihrer Abwicklung gerechnet.

5.2.15 Die Vorbehandlung und der Korrosionsschutz des Bewehrungsstahles werden jeweils gesondert gerechnet.

5.2.16 Liefern, Schneiden, Biegen und Einbauen von Bewehrungsstahl werden gesondert gerechnet. Maßgebend ist die errechnete Masse. Bei genormten Stählen gelten die Angaben in den DIN-Normen, bei anderen Stählen die Angaben im Profilbuch des Herstellers. Zur Masse der Bewehrung gehören auch die Unterstützungen, z. B. Stahlböcke, Unterstützungskörbe, Steckbügel sowie Lagesicherung bei Innenwänden (z. B. S-Haken), Spiralbewehrungen, Verspannungen, Auswechselungen, Montageeisen.

5.2.17 Bindedraht, Walztoleranzen und Verschnitt werden bei der Ermittlung der Abrechnungsmassen nicht berücksichtigt.

5.2.18 Fugenbänder und Fugenprofile werden in ihrer größten Länge gerechnet, z. B. bei Schrägschnitten, Gehrungen.

5.2.19 Angleichen der abgedichteten Risse an die Betonstruktur wird nach der Risslänge gesondert gerechnet.

5.2.20 Bei Abrechnung flächiger Verdämmungen ist das kleinste umschriebene Rechteck zugrunde zu legen. Ausgenommen von dieser Regel sind Kreise, Dreiecke, Trapeze und Rauten.

5.3 Übermessungsregeln

Übermessen werden:

5.3.1 Bei Abrechnung nach Flächenmaß
- Fugen,
- Aussparungen, z. B. Öffnungen, Nischen, mit Einzelgrößen ≤ 2,5 m^2,
- Unterbrechungen in der behandelten Fläche durch Bauteile, z. B. Stützen, Unterzüge, Vorlagen, mit Einzelbreiten ≤ 30 cm.

5.3.2 Bei Abrechnung nach Längenmaß
- Unterbrechungen mit Einzellängen ≤ 1 m.

5.4 Einzelregelungen

Keine Regelungen.

DIN 18350 Putz- und Stuckarbeiten

Ausgabe September 2019

5 Abrechnung

Ergänzend zu ATV DIN 18299, Abschnitt 5, gilt:

5.1 Allgemeines

Der Ermittlung der Leistung – gleichgültig, ob sie nach Zeichnung oder nach Aufmaß erfolgt – sind die Maße
- der behandelten Flächen,

- der hergestellten Flächen,
- der bekleideten Flächen

zugrunde zu legen.

Zur Leistungsermittlung sind die vereinfachenden Regeln, wie Übermessungsregeln und Einzelregelungen anzuwenden.

5.2 Ermittlung der Maße/Mengen

5.2.1 Für Putz, Stuck, Dämmstoff-, Trenn- und Schutzschichten, Auffütterungen, Bekleidungen, Dampfbremsen, Dübelungen, Vorsatzschalen, Unterkonstruktionen, flächige Bewehrungen und Putzträger, Folien sowie Vorbereiten von Untergründen sind

- auf Innenflächen ohne begrenzende Bauteile die Maße der zu behandelnden, zu dämmenden, zu bekleidenden oder mit Stuck zu versehenen Flächen,
- auf Innenflächen mit begrenzenden Bauteilen die Maße der zu behandelnden Flächen bis zu den sie begrenzenden, ungeputzten, ungedämmten, nicht bekleideten Bauteilen,
- bei Fassaden die Maße der hergestellten Flächen

zugrunde zu legen.

Bei Innenflächen gelten Rohwände, Stützen, Rohdecken, Unterzüge, tragende Hölzer und Stahlträger als begrenzende Bauteile.

5.2.2 Bei der Ermittlung der Maße wird jeweils das größte, gegebenenfalls abgewickelte Bauteilmaß zugrunde gelegt, z. B. bei Wandanschlüssen, umlaufenden Friesen, Faschen, An- und Einarbeitungen an Bauteilen, Einbauteilen und dergleichen.

5.2.3 Rückflächen von Nischen sowie Leibungen werden unabhängig von ihrer Einzelgröße mit ihren Maßen gesondert gerechnet.

5.2.4 Unmittelbar zusammenhängende, verschiedenartige Aussparungen, z. B. Öffnung mit angrenzender Nische, werden getrennt gerechnet.

5.2.5 Bindet eine Aussparung anteilig in angrenzende, getrennt zu rechnende Flächen ein, wird zur Ermittlung der Übermessungsgröße die jeweils anteilige Aussparungsfläche gerechnet.

5.2.6 Bei der Abrechnung von beliebig geformten Einzelflächen ist zur Ermittlung der Maße das kleinste umschriebene Rechteck zugrunde zu legen. Ausgenommen von dieser Regel sind Kreise, Dreiecke, Trapeze und Rauten. Dabei dürfen sich die Einzelflächen nicht überschneiden.

5.3 Übermessungsregeln

Übermessen werden:

5.3.1 Bei Abrechnung nach Flächenmaß

- Aussparungen, z. B. Öffnungen (auch raumhoch), Nischen mit einer Einzelgröße ≤ 2,5 m^2.
  Bei der Ermittlung der Maße für die Übermessung sind die kleinsten Maße der Aussparung zu Grunde zu legen.
- Fugen
- Unterbrechungen in der zu bearbeitenden Fläche, z. B. durch Stützen, Unterzüge, Gesimse, Balkonplatten, Podeste, Gurte, Putzbänder mit einer Einzelbreite ≤ 30 cm.

5.3.2 Bei Abrechnung nach Längenmaß

- Unterbrechungen von Einzellängen ≤ 1 m.

5.4 Einzelregelungen

5.4.1 Die Wandhöhen überwölbter Räume werden bis zum Gewölbeanschnitt, die Wandhöhe der Schildwände bis zu 2/3 des Gewölbestichs gerechnet.

5.4.2 Gewölbte Decken werden nach der Fläche der abgewickelten Untersicht gerechnet.

5.4.3 Gehrungen, Kreuzungen, Verkröpfungen und Endungen von Stuckgesimsen, Rosetten werden gesondert gerechnet.

5.4.4 Verputzen von Schornsteinköpfen und Einarbeiten von Diagonalbewehrungen werden gesondert gerechnet.

DIN 18364
Korrosionsschutzarbeiten an Stahlbauten
Ausgabe September 2023

5 Abrechnung

Ergänzend zur ATV DIN 18299, Abschnitt 5, gilt:

5.1 Allgemeines

5.1.1 Der Ermittlung der Leistung – gleichgültig, ob sie nach Zeichnung oder Aufmaß erfolgt – sind die Maße der behandelten Flächen zugrunde zu legen.

5.1.2 Zur Leistungsermittlung sind die vereinfachenden Regeln, wie Übermessungsregeln und Einzelregelungen anzuwenden.

5.2 Ermittlung der Maße/Mengen

5.2.1 Bei genormten Profilen gelten die Angaben in den DIN-Normen, bei anderen Profilen die Angaben im Profilbuch des Herstellers.

5.2.2 Bei der Ermittlung der Maße wird jeweils das größte, gegebenenfalls abgewickelte Bauteilmaß zugrunde gelegt, z. B. bei Rohren das Maß des Außenbogens.

5.2.3 Bei Abrechnung nach Flächenmaß wird die Fläche von Geländern, Rosten, Gittern und dergleichen nur einseitig mit der Ansichtsfläche gerechnet.

5.2.4 Bei Abrechnung nach Längenmaß werden Rohrgeländer nach Länge der Rohre getrennt nach Dimensionen gerechnet.

5.2.5 Für Flächen, die sich nicht durch Aufteilung in einfache geometrische Formen, z. B. Rechtecke, Dreiecke, Trapeze, Rauten, ermitteln lassen, ist das kleinste umschriebene Rechteck zugrunde zu legen.

5.2.6 Werden Tore, Türen, Fenster und dergleichen nach Anzahl gerechnet, bleiben Abweichungen von den vorgeschriebenen Maßen bis jeweils 5 cm in der Höhe und Breite sowie bis 3 cm in der Tiefe unberücksichtigt.

5.2.7 Bei Abrechnung nach Masse ist bei Blechen und Bändern
- aus Stahl die Masse von 7,85 kg/m^2,
- aus nichtrostendem Stahl die Masse von 7,90 kg/m^2 je 1 mm Dicke zugrunde zu legen. Verbindungselemente, z. B. Schrauben, Niete, Schweißnähte, bleiben bei der Ermittlung der Masse unberücksichtigt.

5.2.8 Die Abrechnung der Feuerverzinkung (Stückverzinkung) erfolgt nach Masse. Hierbei wird die Masse der unverzinkten Stahlkonstruktionen und Bauteile zugrunde gelegt.

5.2.9 Armaturen, z. B. Schieber, Flansche, werden einzeln nach Anzahl gerechnet.

5.3 Übermessungsregeln

Übermessen werden:

5.3.1 Bei Abrechnung nach Flächenmaß
- Aussparungen mit einer Einzelgröße $\leq$ 0,5 m^2,
- Unterbrechungen in der zu behandelnden Fläche durch Bauteile,

z.B. durch Stützen, Unterzüge, Vorlagen, Podeste, Vertiefungen, mit einer Einzelbreite ≤ 30 cm.

5.3.2 Bei Abrechnung nach Längenmaß
- Unterbrechungen mit einer Einzellänge ≤ 1 m,
- Armaturen, z.B. Schieber, Flansche, bei Rohrleitungen,
- Kreuzungen, Überdeckungen und Durchdringungen.

5.3.3 Bei Abrechnung nach Masse
- wird die Masse von Teilen, deren Flächen ganz oder teilweise nicht behandelt werden konnten, nicht abgezogen, z.B. einbetonierte Stützenfüße.

5.4 Einzelregelungen

Keine Regelungen.

DIN 18365 Bodenbelagarbeiten
Ausgabe September 2019

5 Abrechnung
Ergänzend zur ATV DIN 18299, Abschnitt 5, gilt:

5.1 Allgemeines

Der Ermittlung der Leistung – gleichgültig, ob sie nach Zeichnung oder nach Aufmaß erfolgt – sind die Maße
- der belegten Fläche, oder
- der hergestellten Beläge

zugrunde zu legen, bei Sockelleisten, Fugen, Profilen und dergleichen deren Länge.

Zur Leistungsermittlung sind die vereinfachenden Regeln, wie Übermessungsregeln und Einzelregelungen, anzuwenden.

5.2 Ermittlung der Maße/Mengen

5.2.1 Auf Flächen
- mit begrenzenden Bauteilen sind die Maße der belegten Flächen bis zu den begrenzenden, ungeputzten, nicht bekleideten Bauteilen,
- ohne begrenzende Bauteile deren Maße,

– von Stufen und Schwellen deren größte Maße

zugrunde zu legen.

Vorsatzschalen und dergleichen gelten als begrenzende Bauteile, soweit sie nicht unterschnitten werden.

5.2.2 Bei der Ermittlung des Längenmaßes wird jeweils die größte, gegebenenfalls abgewickelte Bauteillänge zugrunde gelegt.

5.2.3 In Bodenbeläge eingearbeitete Teile, z. B. Intarsien, Markierungen, werden gesondert gerechnet.

5.3 Übermessungsregeln

Übermessen werden:

5.3.1 Bei Abrechnung nach Flächenmaß
- Aussparungen ≤ 0,1 m² Einzelgröße,
- in Bodenbeläge eingearbeitete Teile, z. B. Intarsien, Markierungen, Fugen und Profile.

5.3.2 Bei Abrechnung nach Längenmaß
- Unterbrechungen mit einer Einzellänge ≤ 1 m.

5.4 Einzelregelungen

Keine Regelungen.

DIN 18451
Gerüstarbeiten
Ausgabe September 2023

5 Abrechnung

Ergänzend zur ATV DIN 18299, Abschnitt 5, gilt:

5.1 Allgemeines

5.1.1 Der Ermittlung der Leistung – gleichgültig, ob sie nach Zeichnung, digitalem Modell oder nach Aufmaß erfolgt – sind entsprechend 5.1.5 und 5.1.6 die technisch erforderlichen Maße an den Außenseiten der Gerüstkonstruktion zugrunde zu legen.

5.1.2 Der Auf-, Um- und Abbau und die Gebrauchsüberlassung werden getrennt abgerechnet.

5.1.3 Die Abrechnung erfolgt getrennt nach Gerüstbauart und vereinbartem Verwendungszweck. Bei kombinierten Gerüstbauarten wird die jeweilige Gerüstbauart nach 5.2.1 bis 5.2.7 gerechnet.

5.1.4 Gerüstergänzungen, z. B. Gerüstbekleidungen, Gerüstverbreiterungen, Schutzeinrichtungen, Überbrückungen, Gerüsttreppen und Treppentürme werden gesondert und getrennt vom Gerüst abgerechnet.

5.1.5 Als Gerüstfläche gelten die Flächen, die sich aus den technisch erforderlichen Längen und Höhen des Gerüstes an den Außenseiten der Gerüstkonstruktion ergeben.

5.1.6 Als technisch erforderliche Längen und Höhen gelten die durch technische Baubestimmungen, technische Regeln und Vorschriften bestimmten sowie die durch Vorgaben aus bautechnischen Nachweisen (z. B. Statik, Brand- und Schallschutz) entstehende Maße.

5.1.7 Die Höhe der Gerüste wird von deren Standfläche ausgehend gerechnet.

5.1.8 Als Standfläche eines Gerüstes gilt die vom Gerüst überbaute Fläche zwischen den Einleitungspunkten der Lasten aus dem Gerüst in das Bauwerk, in den Baugrund oder in eigenständige Gerüst- oder Tragkonstruktionen.

5.1.9 Zur Leistungsermittlung sind ergänzend die vereinfachenden Regeln, wie Übermessungsregeln und Einzelregelungen, anzuwenden.

5.2 Ermittlung der Maße/Mengen

5.2.1 Standgerüste mit längenorientierten Gerüstlagen (Fassadengerüste)

Bei Abrechnung von längenorientierten Standgerüsten (Fassadengerüsten) wird die Gerüstfläche wie folgt berechnet:

5.2.1.1 Die Länge wird in der größten horizontalen Abwicklung an den Gerüstaußenseiten, mindestens mit 2,5 m, gerechnet. Dabei kann sich die Länge z. B. aus der vorgegebenen Breitenklasse und dem vorgegebenen Abstand zwischen Bauwerk und Gerüstbelag ergeben.

5.2.1.2 Die Höhe wird von der Standfläche des Gerüstes bis zur jeweils obersten Belagfläche, zuzüglich 2 m gerechnet.

5.2.1.3 Werden Gerüste der Höhe nach abschnittsweise auf- oder abgebaut, wird die Höhe je Abschnitt von der Standfläche der Gerüste bis zum jeweils obersten Gerüstbelag, zuzüglich 2 m und abzüglich des Höhenmaßes des jeweils zuvor berechneten Abschnitts, gerechnet. Werden Gerüste der Länge nach abschnittsweise auf- oder abgebaut, so wird der einzelne Abschnitt nach 5.2.1.1 gerechnet.

5.2.2 Standgerüste mit flächenorientierten Gerüstlagen (Raumgerüste)

5.2.2.1 Bei Abrechnung von Standgerüsten mit flächenorientierten Gerüstlagen (Raumgerüste) nach dem Raummaß werden die Längen und Breiten des Gerüstes in der größten horizontalen Abwicklung an den Gerüstaußenseiten gerechnet. Maßgeblich hierfür sind die für die Ausführung der Arbeiten erforderlichen oder durch das Gerüstsystem entstehenden Längen und Breiten.

5.2.2.2 Die Höhe wird von der Standfläche des Gerüstes durchgängig bis zur obersten Belagfläche zuzüglich 2 m gerechnet.

5.2.3 Hängegerüste

5.2.3.1 Bei Abrechnung von Hängegerüsten mit längenorientierten Gerüstlagen nach Flächenmaß wird die Länge an den Außenseiten des Gerüstes und die Höhe von der Oberseite der untersten Belagfläche bis zum obersten Lasteinleitungspunkt des Hängegerüstes, mindestens bis zur obersten Belagfläche zuzüglich 2 m gerechnet.

5.2.3.2 Bei Abrechnung von Hängegerüsten mit einer flächenorientierten Gerüstlage nach Flächenmaß wird mit den Maßen des Belages gerechnet. Maßgeblich hierfür sind die technisch erforderlichen oder durch das Gerüstsystem entstehenden Längen und Breiten.

5.2.4 Hänge- und Kletterbühnen

Bei Abrechnung von Hänge- und Kletterbühnen nach dem Flächenmaß wird die Fläche wie folgt berechnet:

5.2.4.1 Die Länge wird in der technisch erforderlichen Länge der Bühne, mindestens mit 2,5 m, gerechnet.

5.2.4.2 Die Höhe wird von der Oberseite der untersten Bühnenlage bis zur obersten Bühnenlage zuzüglich 2 m gerechnet.

5.2.5 Traggerüste

5.2.5.1 Bei Abrechnung von Traggerüsten nach dem Raummaß werden Länge und Breite des Gerüstes in der größten horizontalen Abwicklung an den Gerüstaußenseiten gerechnet. Maßgeblich hierfür sind die technisch erforderlichen oder durch das Gerüstsystem entstehenden Längen und Breiten. Schalungsflächen gelten als Belagflächen.

5.2.5.2 Bei Traggerüsten für Brücken wird die Breite zwischen den Außenseiten des Überbaus gerechnet, die Länge zwischen den Widerlagern ohne Abzug von Zwischenpfeilern und Stützen.

5.2.5.3 Die Höhe von Traggerüsten wird von der Standfläche des Gerüstes bis zur Oberseite der Trägerlage des Gerüstes gerechnet.

5.2.6 Wetterschutzdächer, Auflagergerüste

5.2.6.1 Wetterschutzdächer und deren Auflagergerüste werden getrennt gerechnet.

5.2.6.2 Bei Abrechnung von Auflagergerüsten für Wetterschutzdächer nach Flächenmaß werden die Ansichtsflächen der technisch erforderlichen Gerüste zugrunde gelegt. Die jeweilige Länge wird in ihrer größten Abwicklung, gemessen an der Gerüstaußenseite, und die Höhe von der Standfläche bis zur Oberseite der Auflager für das Schutzdach gerechnet.

5.2.6.3 Bei Abrechnung von Wetterschutzdächern nach Flächenmaß wird die Dachfläche des Schutzdaches gerechnet.

5.2.7 Gerüstergänzungen

5.2.7.1 Verbreiterungen von Gerüsten mittels Konsolen zum Ein- und Umrüsten von Bauteilen, werden zusätzlich zum Gerüst nach Längenmaß abgerechnet, z. B. bei Gesimsen, Nischen, Rinnen. Für die Ermittlung des Längenmaßes wird die technisch erforderliche Länge in der größten Abwicklung an der freien Belagskante der Gerüstverbreiterung gerechnet.

5.2.7.2 Verbreiterungen von Gerüsten, z. B. mittels Gerüstfeldern, zum Ein- und Umrüsten von Bauteilen werden zusätzlich zum Gerüst abgerechnet, z. B. bei Dachüberständen, Nischen, Balkonen. Bei der Abrechnung nach Flächenmaß wird die technisch erforderliche Länge der Gerüstfelder und die Höhe von der Standfläche bis zur obersten Belagfläche, zuzüglich 2 m gerechnet. Bei der Abrechnung nach Längenmaß wird die technisch erforderliche Länge der Gerüstfelder gerechnet.

5.2.7.3 Schutzeinrichtungen, z. B. zusätzlicher Seitenschutz, Fanggerüst, Dachfanggerüst, Schutzdach, Fußgängertunnel werden zusätzlich zum Gerüst nach Längenmaß abgerechnet. Für die Ermittlung des Längenmaßes wird abweichend von 5.1.1 die technisch erforderliche Länge der Schutzeinrichtung gerechnet.

5.2.7.4 Bei der Ermittlung der Maße für Gerüstbekleidungen sind die Maße der tatsächlichen Bekleidungsfläche zugrunde zu legen.

5.2.7.5 Bei der Ermittlung der Maße für Überbrückungen und Auskragungen, z. B. bei Öffnungen, Dächern, Gebäudeteilen, Anbauten, Durchfahrten, wird bei Abrechnung nach Längenmaß die technisch erforderliche Länge zwischen den äußeren Lasteinleitungspunkten gerechnet.

5.2.7.6 Bei der Ermittlung der Maße für Bauteile zur Lastumleitung, z. B. bei horizontalen, vertikalen und diagonalen Abstützungen oder Gitterträgern, wird bei Abrechnung nach Längenmaß die technisch erforderliche Länge der Bauteile zwischen den Lasteinleitungspunkten gerechnet.

5.2.7.7 Bei Abrechnung von Gerüsttreppen und Treppentürmen nach der Bauhöhe wird die Höhe von der Standfläche der Treppe bis zum obersten Austritt zuzüglich 2 m gerechnet.

5.3 Übermessungsregeln

Übermessen werden:

5.3.1 Aussparungen in Gerüsten, z. B. für Fenster, Tore, Durchfahrten, Bau- und Anlagenteilen, unabhängig von ihren Maßen, sowie überbrückte Gebäudeteile (Anbauten, Balkone, Erker), soweit die Lasteinleitung nicht in das Bauwerk oder in Bauwerksteile erfolgt.

5.3.2 Zwischenräume mit einer Einzellänge ≤ 2,5 m zwischen Dachgauben, Dachaufbauten und dergleichen, soweit die wandseitige, durch die Belagkante gebildete Gerüstflucht nicht unterbrochen ist. Ansonsten gilt Abschnitt 5.2.1 entsprechend.

5.4 Einzelregelungen

5.4.1 Einfeldrige Gerüste

Bei der Einrüstung kleiner Flächen und Bauteile und bei einfeldrigen Gerüsten wird bei der Abrechnung nach Flächenmaß die Länge mit mindestens 2,5 m gerechnet. Die Höhe wird von der Standfläche des Gerüstes bis zur obersten Belagfläche, zuzüglich 2 m gerechnet.

5.4.2 Einrüstung von besonders geformten Bauwerken und Bauteilen
Bei Abrechnung von Gerüsten für besonders geformte Bauwerke und Bauteile, z. B. Turmspitzen, Pfeiler, Windenergieanlagenfundamente, nach Flächenmaß wird die Länge in der größten horizontalen Abwicklung an den Gerüstaußenseiten und die Höhe durchgängig von der Standfläche des Gerüstes bis zur obersten Belagfläche zuzüglich 2 m gerechnet.

5.4.3 Gebrauchsüberlassung

5.4.3.1 Die Gebrauchsüberlassung beginnt mit dem vertraglich vereinbarten Termin, bei vorzeitiger Nutzung mit dem Tag der erstmaligen Nutzung. Das gilt auch bei abschnittsweiser Gebrauchsüberlassung.

5.4.3.2 Die Gebrauchsüberlassung endet mit der Freigabe in Textform durch den Auftraggeber zum Abbau durch den Auftragnehmer, jedoch frühestens drei Werktage nach Zugehen der Mitteilung über die Freigabe beim Auftragnehmer.

5.4.3. Die Dauer der Gebrauchsüberlassung – ausgenommen bei Traggerüsten – wird je angefangene Woche gerechnet. Bei hiervon abweichend vereinbarter Abrechnungseinheit für die Gebrauchsüberlassung (z.B. m^2Mo) wird je angefangene Zeiteinheit gerechnet.

5.4.3.4 Bei Traggerüsten wird die Dauer der Vorhaltezeit, bestehend aus Bereitstellung frühestens zum geplanten Termin, sowie Montagezeit, Nutzung durch den Auftraggeber und Demontagezeit, nach Kalendertagen gerechnet.

Tabellen

DIN-Radiatoren

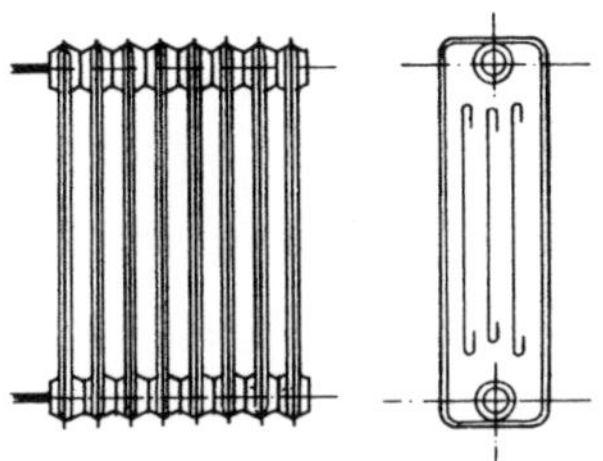

Heizfläche je Glied in m²

	Bauhöhe H mm	Nabenabstand N mm	Bautiefe T mm				
			70	110	160	220	250
Gussradiatoren DIN 4720	280	200	–	–	–	–	0,185
	430	350	–	–	0,185	0,255	–
	580	500	0,120	0,180	0,255	0,345	–
	980	900	0,205	–	0,440	0,580	–
Stahlradiatoren DIN 4722	300	200		–	–	–	0,160
	450	350		–	0,155	0,210	–
	600	500		0,140	0,205	0,285	–
	1000	900		0,240	0,345	0,480	–

Alte Norm	Nabenabstand N mm	Bautiefe T mm			
		100	150	200	250
Gussradiatoren DIN 4720 (bis 31.12.1960)	300	0,09	0,14	0,18	0,22
	500	0,14	0,21	0,27	0,35
	600	0,16	0,24	0,31	0,40
	1000	0,25	0,37	0,49	0,63
Stahlradiatoren DIN 4722 (bis 31.12.1960)	200	–	–	0,12	0,16
	300	0,08	0,13	0,17	0,21
	500	0,13	0,20	0,26	0,33
	600	0,15	0,23	0,30	0,38
	1000	0,24	0,36	0,48	0,61

Stahl-Flachradiatoren
(ungenormte Sondergrößen)
Bauart ähnlich DIN 4722

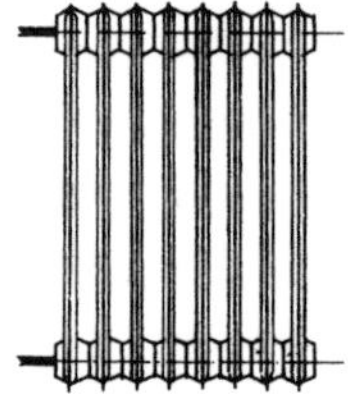

Heizfläche je Glied in m²						
Fabrikat Beutler				Fabrikat Buderus		
Bauhöhe H mm	Nabenabstand N mm	Bautiefe T 72 mm	 110 mm	Bauhöhe H mm	Nabenabstand N mm	Bautiefe H 72 mm
450	350	–	0,104	472	400	0,086
500	400	0,089	–	572	500	0,105
600	500	0,105	–	672	600	0,124
672	600	0,118	–	972	900	0,183

Guss-Säulenradiatoren

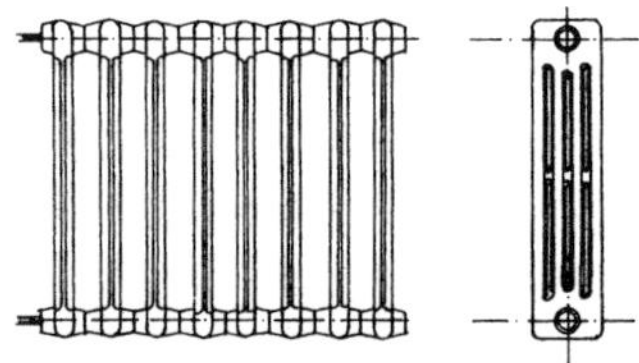

Heizfläche je Glied in m²					
Bauhöhe mm	Nabenabstand mm	Säulenzahl Bautiefe mm	2 70	4 140	6 216
290	220		–	0,10	0,16
420	350		0,08	0,15	0,23
570	500		0,11	0,19	0,29
670	600		0,13	0,23	0,35
870	800		0,16	0,29	0,45
1020	950		0,19	0,34	0,52

Stahl-Röhrenradiatoren

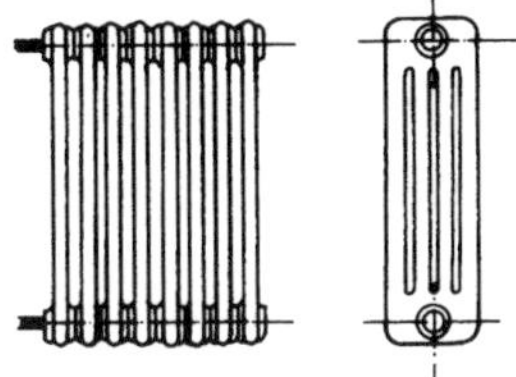

Heizfläche je Glied in m²							
Bauhöhe mm	Säulenzahl Bautiefe mm	1 30	2 62–65	3 100–105	4 136–145	5 173–180	6 210–220
160		–	0,02	0,04	0,05	0,07	0,08
180		–	–	–	–	0,08	0,09
190		–	0,02	0,04	0,06	–	–
200		0,017	0,03	0,05	0,06	0,08	0,09
250		0,021	0,04	0,06	0,08	0,10	0,12
300		0,025	0,04	0,07	0,10	0,12	0,15
350		0,028	0,05	0,08	0,11	0,14	0,17
400		0,032	0,06	0,09	0,13	0,16	0,20
450		0,036	0,07	0,11	0,15	0,18	0,22
500		0,039	0,08	0,12	0,16	0,20	0,24
550		0,043	0,09	0,13	0,18	0,22	0,27
600		0,046	0,10	0,14	0,19	0,24	0,29
750		0,057	0,12	0,18	0,24	0,30	0,36
900		0,068	0,14	0,21	0,29	0,36	0,43
1000		0,075	0,16	0,23	0,32	0,40	0,48
1100		0,083	0,17	0,26	0,35	0,44	0,53
1200		0,090	0,19	0,28	0,38	0,48	0,57
1500		0,111	0,24	0,35	0,48	0,60	0,72
1800		0,133	0,28	0,43	0,57	0,71	0,86
2000		0,148	0,31	0,47	0,63	0,79	0,95
2500		0,184	0,39	0,59	0,79	0,98	1,19
2800		0,205	0,44	0,66	0,89	1,09	1,33
3000		0,220	0,47	0,71	0,95	1,17	1,42

Plattenheizkörper
profiliert

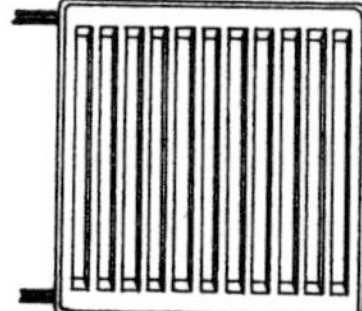

Heizfläche je m Baulänge in m²							
Fabrikat	Zahl der Reihen	Bauhöhe H mm					
Beutler		340	440	540	640	840	
Type P2	1	0,72	0,95	1,18	1,40	1,73	
	2	1,44	1,90	2,36	2,80	3,46	
Buderus		350	500	600	900		
Type P	1	0,81	1,17	1,40	2,10		
PP	2	1,63	2,35	2,80	4,21		
Hagan		300	400	500	600	700	900
Type I	1	0,66	0,88	1,10	1,32	1,54	1,90
II	2	1,32	1,76	2,20	2,64	3,08	3,80
III	3	1,98	2,64	3,30	3,96	4,62	5,70
Rausch		300	440	590	740	990	
Type 1	1	0,70	1,00	1,32	1,65	2,20	
1–2	2	1,40	2,00	2,64	3,30	4,40	
Schäfer		300	400	500	600	750	900
Type E	1	0,73	0,94	1,18	1,43	1,75	2,10
D	2	1,41	1,85	2,32	2,79	3,46	4,18

Plattenheizkörper
mit Konvektionsblechen

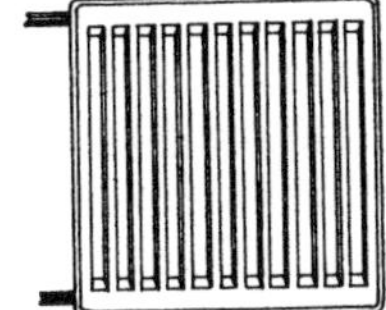
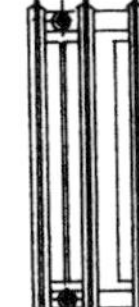
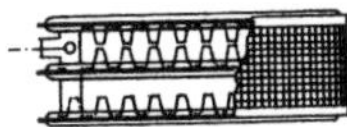

Heizfläche je m Baulänge in m²							
Fabrikat	Zahl der Reihen	Bauhöhe H mm					
Beutler		340	440	540	640	840	
Type P2-I K	1	1,323	1,827	2,330	2,825	3,70	
P2-II K	2	2,646	3,654	4,660	5,650	7,40	
Buderus		350	500	600	900		
Type PK	1	1,75	2,68	3,30	5,14		
PKKP	2	3,50	5,36	6,60	10,27		
PKPKKP	3	5,25	8,04	9,90	15,40		
Hagan		300	400	500	600	700	900
Type PK 11	1	0,66	0,88	1,10	1,32	1,54	1,90
PK 22	2	1,32	1,76	2,20	2,64	3,08	3,80
PK 33	3	1,98	2,64	3,30	3,96	4,62	5,70
Rausch		300	440	590	740	990	
Type K	1	1,05	1,50	1,98	2,48	3,30	
K-2	2	2,10	3,00	3,96	4,96	6,60	
K-3	3	3,15	4,50	5,94	7,44	9,90	
Schäfer		300	400	500	600	750	900
Type EK	1	1,38	1,85	2,32	2,77	3,43	4,15
DK	2	2,77	3,69	4,61	5,53	6,86	8,29
DKEK	3	4,15	5,51	6,93	8,30	10,30	12,45

Mittelbreite I-Träger

DIN EN 10034
(alte Norm DIN 1025)

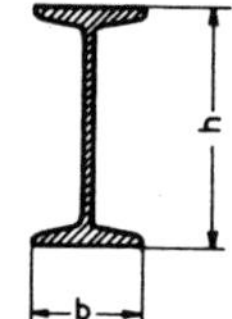

Kurzzeichen IPE	Höhe h mm	Breite b mm	Mantelfläche U m²/m	m²/t
80	80	46	0,328	54,66
100	100	55	0,400	49,38
120	120	64	0,475	45,67
140	140	73	0,551	42,71
160	160	82	0,623	39,43
180	180	91	0,698	37,12
200	200	100	0,768	34,28
220	220	110	0,848	32,36
240	240	120	0,922	30,03
270	270	135	1,04	28,81
300	300	150	1,16	27,48
330	330	160	1,25	25,45
360	360	170	1,35	23,64
400	400	180	1,47	22,17
450	450	190	1,61	20,74
500	500	200	1,74	19,18
550	550	210	1,88	17,73
600	600	220	2,01	16,47

Schmale I-Träger

DIN EN 10024
(alte Norm DIN 1025)

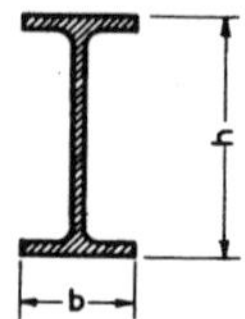

Kurzzeichen INP	Höhe h mm	Breite b mm	Mantelfläche U m²/m	m²/t
80	80	42	0,304	51,17
100	100	50	0,370	44,36
120	120	58	0,439	39,54
140	140	66	0,502	35,10
160	160	74	0,575	32,12
180	180	82	0,640	29,22
200	200	90	0,709	27,06
220	220	98	0,775	24,91
240	240	106	0,844	23,31
260	260	113	0,906	21,62
280	280	119	0,966	20,16
300	300	125	1,03	19,00
320	320	131	1,09	17,86
340	340	137	1,15	16,91
360	360	143	1,21	15,90
380	380	149	1,27	15,11
400	400	155	1,33	14,39
425	425	163	1,41	13,55
450	450	170	1,48	12,86
475	475	178	1,55	12,10
500	500	185	1,63	11,56
550	550	200	1,80	10,84
600	600	215	1,92	9,65

Breite I-Träger (HE B) mit parallelen Flanschflächen

DIN EN 10034
(alte Norm DIN 1025)

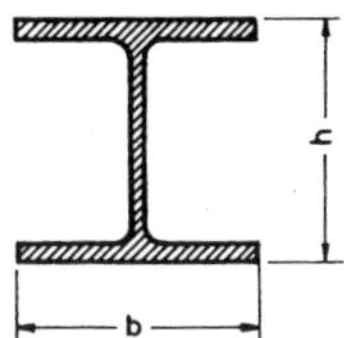

Kurzzeichen IPB	Höhe h mm	Breite b mm	Mantelfläche U m²/m	 m²/t
100	100	100	0,567	27,79
120	120	120	0,686	25,69
140	140	140	0,805	23,88
160	160	160	0,918	21,54
180	180	180	1,04	20,31
200	200	200	1,15	18,76
220	220	220	1,27	17,76
240	240	240	1,38	16,58
260	260	260	1,50	16,12
280	280	280	1,62	15,72
300	300	300	1,73	14,78
320	320	300	1,77	13,93
340	340	300	1,81	13,50
360	360	300	1,85	13,02
400	400	300	1,93	12,45
450	450	300	2,03	11,87
500	500	300	2,12	11,33
550	550	300	2,22	11,15
600	600	300	2,32	10,94
650	650	300	2,42	10,75
700	700	300	2,52	10,45
800	800	300	2,71	10,34
900	900	300	2,91	10,00
1000	1000	300	3,11	9,90

Breite I-Träger mit geneigten inneren Flanschflächen

DIN EN 10034 (alte Norm DIN 1025)

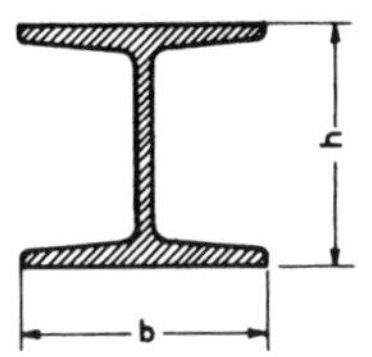

Kurzzeichen IB	Höhe h mm	Breite b mm	Mantelfläche U m²/m	 m²/t
100	100	100	0,556	26,48
120	120	120	0,665	24,45
140	140	140	0,780	22,94
160	160	160	0,888	19,73
180	180	180	1,018	20,04

Breite I-Träger (HE A) leichte Ausführung

DIN EN 10034
(alte Norm DIN 1025)

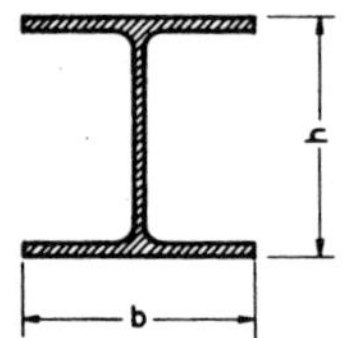

Kurz-zeichen	Höhe	Breite	Mantelfläche	
IPBl	h mm	b mm	U m²/m	m²/t
100	96	100	0,561	33,59
120	114	120	0,677	34,02
140	133	140	0,794	32,15
160	152	160	0,906	29,80
180	171	180	1,02	28,73
200	190	200	1,14	26,95
220	210	220	1,26	24,95
240	230	240	1,37	22,70
260	250	260	1,48	21,70
280	270	280	1,60	20,94
300	290	300	1,72	19,48
320	310	300	1,76	18,03
340	330	300	1,79	17,05
360	350	300	1,83	16,34
400	390	300	1,91	15,28
450	440	300	2,01	14,36
500	490	300	2,11	13,61
550	540	300	2,21	13,31
600	590	300	2,31	12,98
650	640	300	2,41	12,68
700	690	300	2,50	12,25
800	790	300	2,70	12,05
900	890	300	2,90	11,51
1000	990	300	3,10	11,40

Breite I-Träger (HE M) verstärkte Ausführung

DIN EN 10034
(alte Norm DIN 1025)

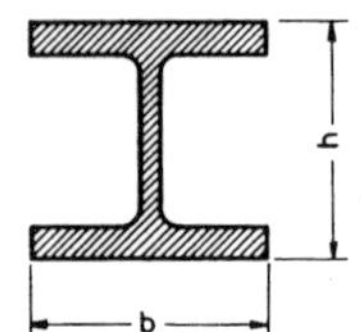

Kurz-zeichen	Höhe	Breite	Mantelfläche	
IPBv	h mm	b mm	U m²/m	m²/t
100	120	106	0,619	14,81
120	140	126	0,738	14,17
140	160	146	0,857	13,56
160	180	166	0,970	12,73
180	200	186	1,09	12,26
200	220	206	1,20	11,65
220	240	226	1,32	11,28
240	270	248	1,46	9,30
260	290	268	1,57	9,13
280	310	288	1,69	8,94
300	340	310	1,83	7,69
320/305	320	305	1,78	10,06
320	359	309	1,87	7,63
340	377	309	1,90	7,66
360	395	308	1,93	7,72
400	432	307	2,00	7,81
450	478	307	2,10	7,98
500	524	306	2,18	8,07
550	572	306	2,28	8,20
600	620	305	2,37	8,32
650	668	305	2,47	8,43
700	716	304	2,56	8,50
800	814	303	2,75	8,68
900	910	302	2,93	8,80
1000	1008	302	3,13	8,97

Hochstegiger T-Stahl (T)

DIN EN 10055 (alte Norm DIN 1024)

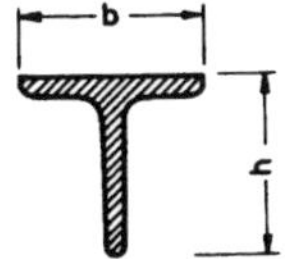

Kurz-zeichen	Höhe	Breite	Mantelfläche	
	h mm	b mm	U m²/m	m²/t
T 20	20	20	0,075	85,83
T 25	25	25	0,094	72,87
T 30	30	30	0,114	64,41
T 35	35	35	0,133	57,08
T 40	40	40	0,153	51,69
T 45	45	45	0,171	46,59
T 50	50	50	0,191	43,02
T 60	60	60	0,229	36,76
T 70	70	70	0,268	32,21
T 80	80	80	0,307	28,69
T 90	90	90	0,345	25,75
T 100	100	100	0,383	23,35
T 120	120	120	0,459	19,78
T 140	140	140	0,537	17,16

Breitfüßiger T-Stahl (TB)

DIN EN 10055 (alte Norm DIN 1024)

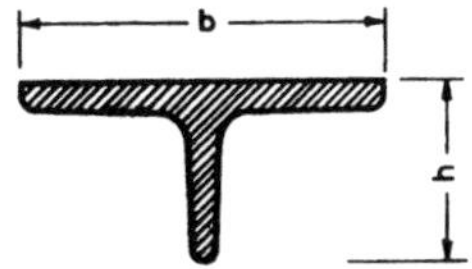

Kurz-zeichen	Höhe	Breite	Mantelfläche	
	h mm	b mm	U m²/m	m²/t
TB 30	30	60	0,171	46,98
TB 35	35	70	0,201	43,13
TB 40	40	80	0,233	37,52
TB 50	50	100	0,287	30,47
TB 60	60	120	0,345	25,75

Runde Stahlrohre

DIN EN 10220 (alte Norm DIN 2448)

Nennweite NW	Außendurch-messer	Innendurch-messer	Oberfläche in m²/m
20	26,9	22,3	0,0845
25	33,7	28,5	0,1058
32	42,4	37,2	0,1331
40	48,3	43,1	0,1517
50	60,3	54,5	0,1893
65	76,1	70,3	0,239
80	88,9	82,5	0,279
100	114,3	107,1	0,359
125	139,7	131,7	0,439
150	168,3	159,3	0,528
200	219,1	207,3	0,688
250	273,0	260,4	0,857

Gleichschenkliger Winkelstahl

DIN EN 10056 (alte Norm DIN 1028)

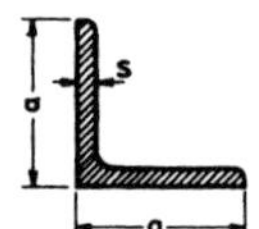

Kurzzeichen L a × s mm	Mantelfläche U m²/m	m²/t
20 × 3	0,077	87,50
4		67,54
25 × 3	0,097	86,61
4		66,90
5		54,80
30 × 3	0,116	85,29
4		65,17
5		53,21
35 × 3	0,136	85,00
4		64,76
5		52,92
6		44,74
40 × 3	0,155	84,24
4		64,05
5		52,19
6		44,03
45 × 4	0,174	63,50
5		51,48
6		43,50
7		37,83
50 × 4	0,194	63,40
5		51,46
6		43,40
7		37,67
8		33,33
9		29,99
55 × 5	0,213	50,96
6		43,03
8		32,97
10		26,96
60 × 5	0,233	50,99
6		42,99
8		32,86
10		26,81
65 × 6	0,252	42,64
7		36,90
8		32,60
9		29,23
11		24,47
70 × 6	0,272	42,63
7		36,86
9		29,12
11		24,29
75 × 6	0,291	42,36
7		36,65
8		32,23
10		26,22
12		22,21
80 × 6	0,311	42,37
7		36,63
8		32,20
10		26,13
12		22,06
14		19,32
90 × 7	0,351	36,52
8		32,20
9		28,77
11		23,88
13		20,53
16		16,96
100 × 8	0,390	31,97
10		25,83
12		21,91
14		18,93
16		16,81
20		13,73
110 × 10	0,430	25,90
12		21,83
14		18,86
120 × 10	0,469	25,77
11		23,57
12		21,71
13		20,13
15		17,63
130 × 12	0,508	21,53
14		18,68
16		16,44
140 × 13	0,547	19,89
15		17,42
150 × 12	0,586	21,47
14		18,54
15		17,34
16		16,32
18		14,61
20		13,26
160 × 15	0,625	17,27
17		15,36
19		13,86
180 × 16	0,705	16,21
18		14,51
20		13,13
22		12,03
200 × 16	0,785	16,19
18		14,46
20		13,11
24		11,04
28		9,57

Ungleichschenkliger Winkelstahl

DIN EN 10056 (alte Norm DIN 1029)

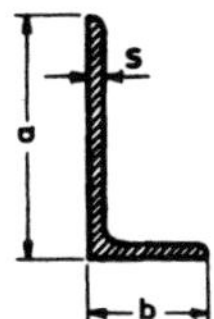

Kurzzeichen L a × b × s mm	Mantelfläche U m²/m	m²/t
30 × 20 × 3 4	0,097	87,39 66,90
40 × 20 × 3 4	0,117	86,67 66,10
45 × 30 × 3 4 5	0,146	84,88 64,89 52,71
50 × 30 × 5	0,156	52,70
50 × 40 × 4 5	0,177	65,31 52,84
60 × 30 × 5 7	0,175	51,93 38,13
60 × 40 × 5 6 7	0,195	51,86 43,72 37,94
65 × 50 × 5 7 9	0,224	51,49 37,52 29,79
75 × 50 × 5 7 9	0,244	51,48 37,48 29,65
75 × 55 × 5 7 9	0,254	51,31 37,35 29,57
80 × 40 × 6 8	0,234	43,25 33,10
80 × 65 × 6 8 10	0,283	42,88 32,68 26,45
90 × 60 × 6 8	0,294	43,11 32,81
90 × 75 × 7	0,322	36,84
100 × 50 × 6 8 10	0,292	42,63 32,48 26,31
100 × 65 × 7 9 10	0,321	36,60 28,92 23,96

Kurzzeichen L a × b × s mm	Mantelfläche U m²/m	m²/t
100 × 75 × 7 9 11	0,341	36,59 28,90 23,85
120 × 80 × 8 10 12 14	0,391	32,05 26,07 21,97 19,07
130 × 65 × 8 10 12	0,381	32,02 26,10 22,02
130 × 75 × 8 10 12	0,401	32,08 26,04 21,91
130 × 90 × 10 12	0,430	25,90 21,83
150 × 75 × 9 11	0,441	28,82 23,71
150 × 90 × 10 12	0,469	25,77 21,71
150 × 100 × 10 12 14	0,489	25,74 21,64 18,74
160 × 80 × 10 12 14	0,469	25,77 21,72 18,76
180 × 90 × 10 12 14	0,528	25,63 21,55 18,66
200 × 100 × 10 12 14 16	0,587	25,52 21,50 18,58 16,35
200 × 90 × 10 12 14 16	0,667	25,56 21,45 18,53 16,31

Rundkantiger U-Stahl
(DIN 1026)

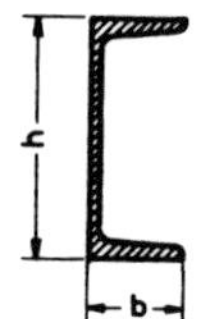

Kurz-zeichen U	Höhe h mm	Breite b mm	Mantelfläche U m²/m	 m²/t
30 × 15	30	15	0,103	59,20
30	30	33	0,174	40,74
40 × 20	40	20	0,142	49,48
40	40	35	0,199	40,86
50 × 25	50	25	0,181	46,89
50	50	38	0,232	41,50
60	60	30	0,215	42,41
65	65	42	0,273	38,50
80	80	45	0,312	36,11
100	100	50	0,372	35,09
120	120	55	0,434	32,39
140	140	60	0,489	30,56
160	160	65	0,546	29,04
180	180	70	0,611	27,77
200	200	75	0,661	26,13
220	220	80	0,718	24,42
240	240	85	0,775	23,34
260	260	90	0,834	22,01
280	280	95	0,890	21,29
300	300	100	0,950	20,56
320	320	100	0,982	16,50
350	350	100	1,05	17,33
380	380	102	1,11	17,59
400	400	110	1,18	16,43

Rundkantiger Z-Stahl
(DIN 1027)

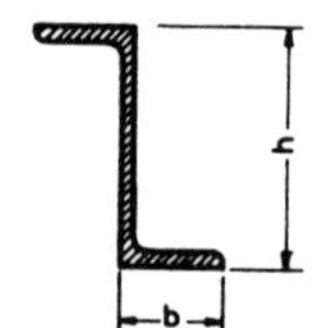

Kurz-zeichen Z	Höhe h mm	Breite b mm	Mantelfläche U m²/m	 m²/t
30	30	38	0,198	58,41
40	40	40	0,225	52,82
50	50	43	0,253	47,65
60	60	45	0,282	45,41
80	80	50	0,339	38,92
100	100	55	0,397	34,82
120	120	60	0,454	31,75
140	140	65	0,511	28,39
160	160	70	0,569	26,34
180	180	75	0,626	23,98
200	200	80	0,683	22,47

Literatur

Biskop, D. u.a.: Betonerhaltungsarbeiten. Kommentar zur VOB Teil C, DIN 18299 und DIN 18349. Beuth Verlag GmbH: Berlin, Wien, Zürich 2004

Bramann, Helmut, u.a.: Trockenbauarbeiten, Kommentar zu VOB Teil C, ATV DIN 18340 und ATV DIN 18299, 4. Auflage. Beuth Verlag GmbH: Berlin, Wien, Zürich 2016

Heiermann, Wolfgang, und Keskari, Leo: VOB/C Kommentar – Gerüstarbeiten, Praktische Erläuterungen zu den ATV DIN 18299 und DIN 18451, 6. überarbeitete Auflage. Verlagsgesellschaft Rudolf Müller: Köln 2017

Kommentar zur VOB Teil C, Allgemeine Technische Vertragsbedingungen (ATV). DIN 18299 – Allgemeine Regelungen für Bauleistungen; DIN 18363 - Maler- und Lackiererarbeiten – Beschichtungen; DIN 18366 – Tapezierarbeiten. Hrsg. Vom Bundesverband Farbe Gestaltung Bautenschutz. SN-Verlag: Hamburg 2018

Vergabe- und Vertragsordnung für Bauleistungen: VOB, Ausgabe 2019, Im Auftrag des Deutschen Vergabe- und Vertragsausschusses für Bauleistungen. Hrsg. vom DIN, Deutsches Institut für Normung e.V. Beuth Verlag GmbH: Berlin, Wien, Zürich 2019

Vergabe- und Vertragsordnung für Bauleistungen: VOB, Ergänzungsband 2023, Im Auftrag des Deutschen Vergabe- und Vertragsausschusses für Bauleistungen. Hrsg. vom DIN, Deutsches Institut für Normung e.V. Beuth Verlag GmbH: Berlin, Wien, Zürich 2023

Weißert, Markus und Bauer, Achim: Kommentar ATV DIN 18350 und DIN 18299, Putz- und Stuckarbeiten,14. Auflage. Springer Fachmedien: Wiesbaden 2017

Weißert, Markus und Nietiedt, Tom: Kommentar ATV DIN 18345 und ATV DIN 18299, Wärmedämm-Verbundsysteme, 4. Auflage. C. Maurer Verlag: Geislingen/Steige 2021

Stichwortverzeichnis

Eberhard Schilling
Auftragsabwicklung
Aktualisierte Neuausgabe 2018

ISBN 978-3-421-04106-7